AI落地

让人工智能为你所用

王海屹◎著

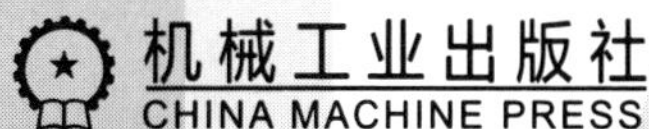

面对人工智能（AI）这一技术名词和概念，你是否以为它门槛高、特复杂、难以落地？

面对人工智能产品爆发式涌现，你是否担心它会夺走你的工作，进而产生恐慌和忧虑？

面对日常见到的“人工智障”工具，你是否对人工智能产生过质疑？

进入人工智能时代，你能够做什么？需要掌握哪些技能？如何让技术为自己服务？

本书结合人工智能落地的方法和案例，采用通俗易懂的语言，为你揭开人工智能的面纱，教你寻找在生活中、工作中适合人工智能落地的场景，以及评价其价值的方法，助你实现降本增效的目标。书中不仅将算法原理和思维融入日常熟知事物做对比，以便让你了解技术，还总结了人工智能落地的步骤和评估方法来帮助读者找到人工智能落地潜在的机会，使读者能够在阅读完本书内容后，对于人工智能的应用场景及如何实际操作成功落地部署有一定的了解。此外，阅读本书，读者还可以了解目前人工智能技术的局限及后续的技术发展方向。

本书适合正在或希望从事人工智能产品设计和运营的人员、与人工智能相关的技术人员、想认识和充分了解人工智能发展的人员阅读。

图书在版编目（CIP）数据

AI落地：让人工智能为你所用 / 王海屹著．—北京：机械工业出版社，2023.11（2025.2重印）

ISBN 978-7-111-74059-9

Ⅰ.①A…　Ⅱ.①王…　Ⅲ.①人工智能　Ⅳ.①TP18

中国国家版本馆CIP数据核字（2023）第202386号

机械工业出版社（北京市百万庄大街22号　邮政编码100037）

策划编辑：刘　洁　　　　责任编辑：刘　洁　胡嘉兴

责任校对：曹若菲　丁梦卓　　责任印制：单爱军

保定市中画美凯印刷有限公司印刷

2025年2月第1版第3次印刷

170mm×230mm・16.25印张・1插页・225千字

标准书号：ISBN 978-7-111-74059-9

定价：79.00元

电话服务	网络服务
客服电话：010-88361066	机　工　官　网：www.cmpbook.com
010-88379833	机　工　官　博：weibo.com/cmp1952
010-68326294	金　　书　　网：www.golden-book.com
封底无防伪标均为盗版	机工教育服务网：www.cmpedu.com

推荐语

从 2016 年开始，计算机视觉识别领域取得巨大进展，人工智能成为火热的技术趋势，人工智能工程师人才需求大涨，但在往后五年，人们期待中的更多场景，人工智能应用却发展缓慢。人工智能技术实用吗？能解决生活和工作中的什么问题？人工智能应用如何落地？作者通过对各类场景任务进行详细描述和拆分，发现人工智能落地的具体环节，系统总结了五个落地步骤，对于需要了解人工智能应用的行业人士和人工智能应用开发者有很大的启发价值。

——蒋涛 CSDN 创始人 / 董事长、极客帮创投董事长

人工智能蓬勃发展的今天，各行各业还都在寻找合适的落地方向。从机器学习到深度学习，技术只有和实际的场景结合才能够发挥价值，如果被束之高阁则无法推动行业的迭代和发展。《AI 落地：让人工智能为你所用》作为科普人工智能技术的书籍，通过实际案例来讲解人工智能技术落地的步骤，带着读者走近人工智能、了解人工智能。作者写出了多年来从事人工智能相关工作的感悟和经验，是一本实用性强的书籍。

——杨鹏 腾飞资本合伙人

这本书既不完全像讲人工智能概念的科普型读物，又不像枯燥的教科书，而是介于两者之间。作者用接地气的应用场景举例，深入浅出地梳理了人工智能技术。本书既适合有技术功底想要踏进人工智能大门探索的工程师，又适合正在学习技术的学生，对于希望深入了解当下人工智能行业热门话题及其他创新技术概念的人来说，也是一本不错的进阶读物。

——王震翔 创新工场人工智能领域投资人

人工智能技术正在快速地与各领域融合发展，不断改变着我们的工作和生活方式，成为备受关注的技术领域。作者通过通俗、生动的语言，用生活化的案例大幅降低了人工智能技术的学习成本。通过阅读本书，能够让你知其然并知其所以然，对人工智能有更为全面的认知，也能够帮助你开启自己的人工智能之旅，探索自己在人工智能大潮下的无限可能。

——齐贺 知名网约车公司工程效率部、信息平台部技术高级总监

人工智能算法有一张唬人的数学外表，但“大道至简”，一切本质都应该是简单易懂的。人工智能发展到今天，已经无处不在了，但是它的应用落地仍然对普通大众有着较高的门槛。本书作者通过自己长期的实践，不仅能够深入浅出，将人工智能中的技术用通俗易懂的语言讲解出来，还通过实际案例讲解了人工智能落地的步骤和评估方法。本书既是一本不错的技术落地的指导书籍，又是一本适合对人工智能感兴趣的人阅读的科普读物。

——翟俊杰 腾讯高级算法专家

人工智能可以称为 21 世纪的一张“名片”，随着人工智能飞速发展，各行各业都在拥抱人工智能。这本书从人工智能的产生和发展出发，详细地解读了人工智能技术的落地应用，并结合自身经验帮助读者将人工智能落地到自己的领域里。这是一本几乎所有人都能读懂的人工智能科普书籍，深入浅出地讲解了人工智能的创新和应用。

——张建胜 猿派创始人、福布斯 30u30、中国青年企业家协会会员

一本深入浅出的实用科普书籍。本书能让一个人工智能“小白”迅速进阶，

开始对人工智能有全方位的理解。没有枯燥乏味的说教，作者用生动易懂的语言娓娓道来。读完本书能让你感到人工智能不再只是脑海中一个模糊的概念，你在渐渐揭开它神秘的面纱，让它变成一颗熠熠生辉的珍珠，收藏在你知识的抽屉中。

——刘玺 青卿文化传媒创始人 / 董事长

近年来大众对人工智能期待甚高，甚至出现“人工智能取代人类”的担忧。而实际上，我们处在弱人工智能时代，因为人工智能商业落地应用需要诸多条件。本书为大家拨开了人工智能的迷雾，提供了全面的视角，阐述了人工智能落地的现状、局限及技术原理，让人工智能不再“高高在上”。推荐人工智能爱好者和有志于进入人工智能行业的从业人员阅读。

——刘乐 神策数据高级产品经理、推荐业务负责人

前 言

从只能完成特定任务的语音助手，到接近真人交流体验的对话机器人；从依托计算机“蛮力”计算的“IBM 深蓝”，到击败围棋世界冠军的 AlphaGo，再到能够创作小说、营销文案，甚至总结、分析、写代码的自然语言大模型的应用……人工智能（Artificial Intelligence，AI）从最初的概念到如今逐渐在各行各业落地，正在融入我们的生活。

在人工智能快速发展和落地的浪潮中，你也许会有很多困惑：

- 人工智能为什么能够在很多场景中比人做得更好？
- 为什么平时接触到的人工智能显得有些“智障”，不像新闻里描述的那样“无所不能”？
- 如何选择合适的人工智能技术来满足自己的需求？
- 如何找到有价值的人工智能场景落地？
- 人工智能技术的边界到底在哪？

……

你也许会有一些恐慌：

- 人工智能会不会取代我的工作？
- 人工智能会不会产生自我意识，从而有一些超出我们预期的行为？
- 竞争对手利用人工智能技术的落地，会不会在竞争中“占得先机”？
- 不懂人工智能、不懂技术，会不会对职业前景不利？

……

本书将尝试回答以上问题。

本书既不介绍人工智能的发展历史，又不会讲解阅读门槛高的技术知识，更不是一本关于人工智能科技公司的宣传介绍性质的书，书中内容的重点在于和“你”进行沟通，让你了解在人工智能时代，你能够做什么，需要掌握哪些技能，以及如何让技术为自己服务。

我有一个观点想说在前面：

人工智能不是解决一切问题的“灵药”。

有的人觉得人工智能可以解决我们遇到的所有问题，这种观点是非常理想化的。人工智能技术有很多分支，每种技术的落地场景都有自己的“边界”，有具体的适用范围和条件，比如深度学习中的“卷积神经网络”模型适用于“图像”相关的场景（如图像分类、人脸识别、行人检测等），但对于文本类内容的处理，则不如“循环神经网络”相关模型那样更适合。

具体的算法解决具体的问题，我们从人工智能落地的过程上看，可以发现它遵循既定的计算方法（数学），从数据中学习（算法）特定的规律，并在实际场景中应用。人工智能除了是一门学科和技术应用外，还是一项**数据组织和使用的“方法论”**。随着各行各业的数据量与日俱增，以及计算机计算能力的提高，所有涉及数据应用的场景都会应用人工智能技术来对数据进行处理、加工和应用，来对场景下的问题进行聚合、分析、生成。人工处理一是无法满足大批量数据处理对速度、时效性的要求，二是人也难以同时并行处理海量的实时数据。因此在未来，我们需要人工智能来完成数据从收集到消费的完整过程，而人只需要定义好场景中的规则和边界条件。未来在各个场景中，都会依赖数据给出指导、优化，提高场景中信息、物体流转和处置的效率。

因此，可以说**“人工智能是未来的基础设施”**。

希望你在阅读本书期间，能够对以下问题形成自己的思考：

- 人工智能技术现在都能用来做什么？
- 人工智能技术未来会往哪个方向发展？
- 人工智能和人脑相比，有什么优势和劣势？
- 我能够利用人工智能做什么？
- 有哪些事情可以让人工智能帮我做？
- 人工智能怎么帮我完成这些事情？
- 若想在具体场景中搭建我的人工智能助手，我需要做些什么？
- 平时生活和工作中的哪些场景可以通过人工智能来提高效率？
- 市面上有这么多人工智能产品，哪些是对我有用的，该如何选择？

……

本书的内容将会按照如下的章节结构展开，为你开启一场“特殊”的人工智能之旅：

第1章介绍人工智能的局限和优势，以及你应该如何看待人工智能。

第2章通过对比介绍和实例，来向你展示“人工智能思维”以及具体的人工智能技术，之后剖析人工智能系统的结构，为后续拆解人工智能落地的具体方法论做铺垫。

第3章是本书的重点章节，先介绍了人工智能落地的重要领域和具体步骤，并通过具体案例来加深你对人工智能落地的理解；后介绍了评估人工智能落地价值的方法。技术落地是追求投入产出比的，落地的过程不是为了追求高科技，而是因为技术应用在场景后能产生比较优势。最后介绍了评估方法，可以让你以“价值”为驱动，让人工智能落地在真正需要的地方。

第4章通过五个具体的应用场景，按照第3章中提出的“人工智能落地的步骤”，介绍在这些场景中，人工智能落地具体如何做、应该如何思考，通过具体案例的拆解和梳理，来加深你对“人工智能落地的步骤”的认知，让你能够举一反三，知道在其他场景中，如何找到适合落地的人工智能技术，并遵循合理的步骤来完成人工智能的落地。

第5章为你展开介绍人工智能发展目前的困境以及展望未来发展的方向，让你了解人工智能的“现在”和“未来”。

在为你讲解的过程中，我会时刻穿插案例以辅助你理解本书内容，同时也会将人工智能和你所熟知的事物做对比，来帮助你更好地理解相关“技术名词”和“思考方法”。如果你不是科技行业从业者但对人工智能感兴趣，那么本书可以带你走进人工智能，了解不同人工智能技术的优缺点、应用范围及落地步骤；如果你是人工智能行业的从业者，对技术有一定的了解和认知，那么本书可以让你更全面地了解人工智能，细化人工智能产品化落地需要注意的地方，并且在人工智能未来的发展方向上，对你产生一些启发。当然作为一个人工智能行业的从业者，我也希望你能够在阅读本书后，无论是对人工智能有不同的观点和疑惑，还是对书中内容有不清楚的地方，都能够敞开和我交流。

人工智能是一个快速发展的行业，新观点、新技术、新的落地场景都亟待我们去探索和思考，这本书写作的唯一目的就是能够促进你对“人工智能落地”的理解，推动你在需要的地方成功“落地人工智能”。

技术不和具体的场景结合，是无法产生价值的。

谨以此书献给想要**“通过人工智能改变未来”**的你。

王海屹

目 录

第 2 章 需要认识的人工智能

第 3 章 人工智能落地

第 5 章 人工智能的困境与展望

后记

第1章 一场“特殊”的人工智能之旅

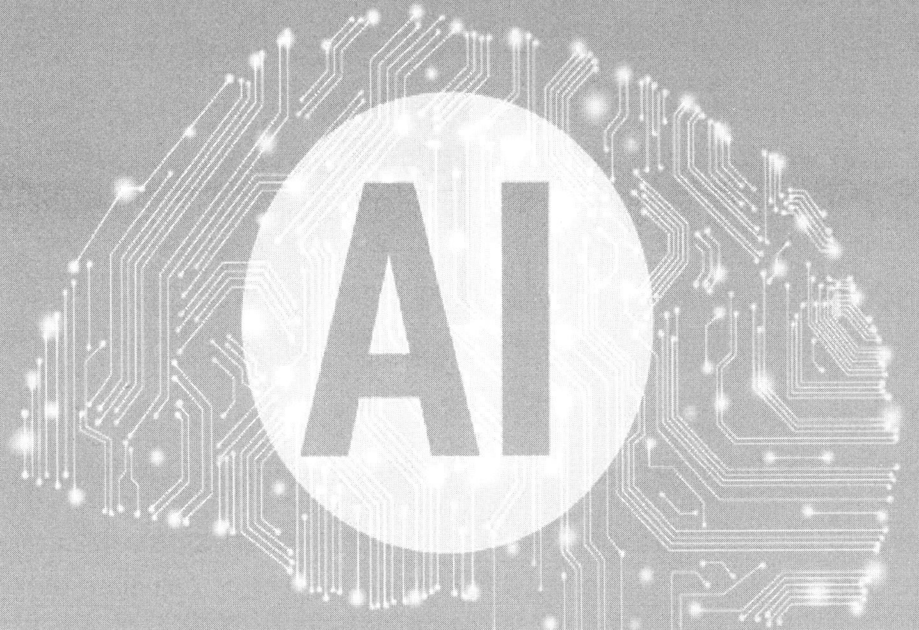

作为本书的开篇章节，先结合人工智能落地的角度解答一些很多人心中的“疑惑”：为什么人工智能会成为未来科技发展的主流，科技公司投入建设了很多？人工智能能做什么，不能做什么？我们应该如何正确看待人工智能？在这一章中，我将结合我们身边熟悉的场景来详细回答这些问题，让你能够对人工智能有正确的认知，同时知道它怎么和我们身边的场景结合以产生价值。

1.1 为什么“特殊”

1.1.1 人工智能为什么重要

人工智能已经成为驱动经济增长和产品升级的引擎。

在政策层面，政府积极通过投资引导、产业基地支持、国际开拓等切实支持人工智能企业大力发展，助力人工智能企业“走出去”，成为世界一流企业。在2017年7月国务院印发的《新一代人工智能发展规划》中明确了人工智能在我国的发展战略目标，截至2023年年初，全国各省市积极响应号召，已有24个省市发布了人工智能在当地发展的规划，核心产业规模超过4000亿元，超过了国家制定的1500亿元的目标，企业数量超过3000家。放眼海外，美国国家科技政策办公室在2019年春季发布了由美国总统签署的《美国人工智能倡议》（*American AI Initiative*），也是希望人工智能能够推动美国的经济发展，改善人民的生活质量；2017年5月新加坡国家研究基金会（NRF）也宣布推出“AI.SG”国家人工智能计划，并在未来五年投入高达1.5亿新加坡元（约1亿美元）的资金，以提升新加坡的人工智能实力；加拿大、法国、韩国、日本等国家也在近年推出了自己的人工智能战略发展计划。

在人才培养上，有越来越多的高校设立人工智能专业，教育部发布的《2022年度普通高等学校本科专业备案和审批结果》显示，近年来共有495所高校新增人工智能专业，为人工智能行业培养技术、产品人才，以补充目前行业的人才缺口。人社部于2020年发布的《新职业——人工智能工程技术人员就业景气现状分析报告》显示，我国人工智能人才缺口超过 500 万。国内的供求比例为 1∶10，供需比例严重失衡。

在产业规模上，在政府政策和市场需求驱动下，产业规模高速发展，艾媒咨询（iiMedia Research）发布的《2020 上半年中国人工智能产业专题研究报告》[1]指出，中国人工智能核心产业规模保持高速增长，预计 2020 年中国人工智能核心产业规模增长率将达到 26.2%，规模将超过 1500 亿元，人工智能未来也将在现有的各行各业中深入应用，并在更多场景中落地。国务院《新一代人工智能发展规划》中也指出，未来 2025 年中国人工智能核心产业规模将超过 4000 亿元，带动相关产业规模超过 5 万亿元。

人工智能作为未来核心发展的技术之一，当前处于机会多、人才缺、场景缺的状态，各行各业都在推动人工智能落地、寻找场景和机会。虽然目前在很多场景下人工智能的价值难以被准确衡量，很多领域的数据资产管理能力欠缺及复合型人才匮乏，但无论是从政策、市场需求还是从产业发展的角度来看，人工智能都是现在的“风口”。

对于个人来说，为什么需要人工智能？

一来，更轻松的生活谁都想要，人们喜欢“衣来伸手，饭来张口”的生活。人工智能能够通过你的行为数据了解你、帮助你，在你需要的地方提供服务，也能够自动化帮助你做很多事情，比如推荐消磨时间的活动、编辑整理资料等。

二来，工作、生活中都存在很多乏味的重复性“劳动”，这些劳动每天在消耗我们的耐心，但又不得不去做。比如我们可以将有无扫地机器人或者洗衣机的生活进行对比，就可以感受到，这些非创造性的劳动既阻挡了我们发挥人脑的创造性，又占用了我们陪伴家人的时间。如果由机器“替代”我们做这些乏味、耗时的重复性劳动，岂不是可以大大提高生活满意度？

对于企业来说，为什么需要人工智能？核心原因是“降本”和“增效”。

互联网高速发展的背景下，衣、食、住、行等各个方面都在经历信息化、数字化建设，产生了大量难以人为处理的数据，这些数据蕴藏了人们的行为、喜好、信用等非常有商业价值的信息，对这些数据的处理和分析需要人工智能。人工智能使机器可以从经验中学习，适应新的输入并执行相应的任务，大大提高企业内的生产效率，更好地为企业的用户服务。无论是给用户推荐喜欢的商品、活动，还是使用人工智能视觉技术自动录入文字信息提高员工工作的自动化程度，都是在提高企业运行的效率，降低人力投入和时间消耗的成本。

效率提高才能带来企业服务能力的提高。何况如果自己的企业不用新技术，竞争对手用了，则新技术带来的“比较优势”可以形成降维打击，比如对于一些企业内的重复性劳动，如监控设备安全、巡航等任务，机器可以做到 24 小时无差别工作，而依靠人工是难以实现的。

对于信息的处理和利用来说，人脑接受信息的能力是巨大的。人脑通过视觉输入解读一张图片的速度是 13 毫秒左右，我们假设人眼输入的像素有 10 亿个，那么核算下来一张图片的输入就是 953.67MB，这样大概每秒可以输入的信息量为 70 多 GB[2]。

输入的信息包含以下三个部分：

第一部分是常识类信息，这些信息是高度抽象化的、多维度信息的连接，比如提到“一只猫”，头脑中就会出现多维度信息（图像、文字、声音，甚至抚摸猫的毛茸茸的手感）的描述。常识类信息的特性，使得这部分信息易于传播。

第二部分是经过人脑处理得到的感知信息。由常识类信息为基础组成单位，比如“一只在爬树的小猫”，就是人脑将历史提炼并固化的常识类信息组成在一起，形成了对于信息的认知。

第三部分是潜藏在图像中的关联信息。这些信息无法用语言描述，也难以通过人的知识和认知进行总结，因此很难成为人们可以复用的知识。关联信息表达了物体和物体间、物体和时空间的一定联系，机器善于学习和挖掘这些信息。

在语言表达上，就算是说话最快的人，每秒最多输出 5 个字；打字最快的人，每秒最多输出 20 个英文字母。显然，我们输出信息量的能力限制了信息的传播，因此只有高度抽象的信息，才会被我们日常传播，这些信息只占了日常输入的很小的一部分。剩下的大部分潜藏的关联信息，就是需要我们借助机器提取和识别的。人工智能从数据中学到的规律和“知识”，其中有很多难以被人脑理解，但这些信息是可以轻易被大规模复制和使用的经验。因此从信息的传播和利用的角度来看，我们需要人工智能，尤其是对于数据之中隐含的关联关系，我们既难以准确认知，又无法描述清楚它们，更需要人工智能。

人工智能为机器带来五个方面的能力（见表 1-1）。

表 1-1　人工智能带给机器的能力

能力	说　明	举　例
知识	从数据中挖掘并展示人脑无法处理的知识、数据之间的联系	药物研发、新闻推荐、防欺诈
推理	学习数据中潜在的关联、因果联系	资产评估、人工智能诊疗
感知	识别图像、视频和音频内容	无人驾驶、环境监控、安防机器人
沟通	理解自然语言并和人沟通	语音控制、聊天机器人、实时翻译
规划	根据目标和实施情况实时规划任务	出租车派单系统、物流调度优化

拥有这些能力，不仅能够在未来让你拥有虚拟个人管家，就像电影《钢铁侠》里面的贾维斯一样帮你安排生活、清理房间等，还能在工作中辅助你自动生

成会议纪要、制作 PPT、查找和解释资料……

所以，你为什么需要人工智能？想必你已经有了自己的答案。

1.1.2 人工智能是什么

很多书籍、文章经常把人工智能的技术原理和实现方式讲解得很深入，包含很多计算公式和专业名词。这对于专业技术开发者来说，可以帮助他们理解人工智能技术的底层原理和架构，但对于更多不懂技术的读者来说，可能因为“公式”和“名词”深奥，使他们最终依旧对人工智能感到困惑和不理解。接下来我将通过通俗易懂的语言和熟悉的例子来讲解人工智能。

先来带大家看几个人工智能领域的常见名词：

1）人工智能：让机器能够像人一样“思考”，解决现实中的问题。

2）算法：解决某个问题的具体步骤、指令、动作。面对同一个问题，可以有不同的解决方法，因此解决同一个问题会有不同的算法，不过，不同算法在解决问题的效率和程度上是不一样的。

3）人工智能算法：通过人工智能技术来解决某个问题的方法及步骤。

4）模型：广义上是指，通过主观意识借助实体或者虚拟表现构成的、阐述形态结构的一种表达目的的物件。这样描述看起来难以理解，暂时不用管它。在本书讨论的范围内，“模型”是指将算法通过编程实现，得到用于处理任务的计算机程序。打个比方，如果把我们需要处理的一个个问题场景比喻成“战争”的话，那么“算法”就好比作战时的指导思想，而“模型”就好比实际上场的“兵”和“阵”。

5）人工智能模型：通过人工智能算法实现的用于处理具体问题的计算机程序。

6）特征：物体的具体描述。一个人的特征可能是浓眉、大眼、戴黑框眼镜等。

7）权重：在一个问题中，不同特征对于该问题的贡献程度。比如假设我们根据衣着判断性别，可将人分为四类：穿裤子的女生、穿裙子的女生、穿裤子的男生、穿裙子的男生。根据日常经验知道，穿裙子的较大概率是女生，即从客观统计上看，用“穿裙子”这个特征在判断一个人“是不是女生”这个问题上，概率很大。

除了这些名词之外，大家听到最多的当属“机器学习”和“深度学习”。

机器学习是人工智能的实现方式之一，让机器从数据之中学习，然后在真实场景之中进行预测和使用。深度学习是机器学习的一部分，是一种特定类型的神经网络算法的统称，关于深度学习的详细介绍请见 2.2.3 小节。相比于机器学习，**深度学习**主要省略了定义特征的工作，让机器从数据中自己完成“特征定义”和“模型优化”两项任务。

人工智能、机器学习、深度学习三者之间的关系，如图 1-1 所示。

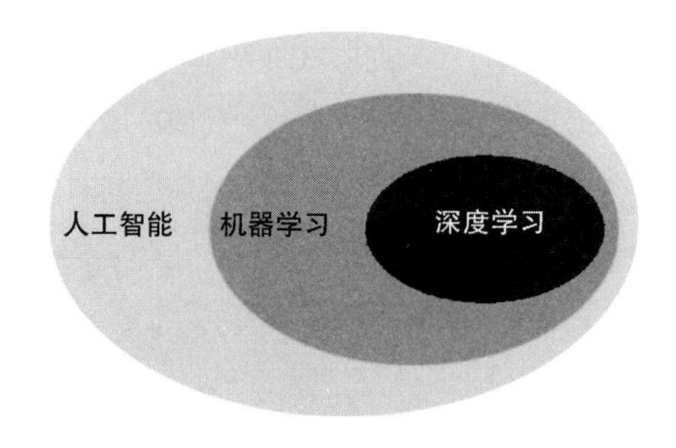

图 1-1　人工智能、机器学习、深度学习三者之间的关系

面对同样的问题，“人工智能算法”和“传统的计算机算法”有什么区别呢？这个区别让你能够很直观地感受到人工智能的特性。过去，当我们想要通过计算机完成物体识别任务时，需要定义清楚步骤及每一步需要识别的特征；而人

工智能是从结果出发的，在结果中学习需要的“步骤”。比如识别一辆汽车，过去需要分别识别车轮子、车身、挡风玻璃等，然后把它们组合在一起判断是不是车；而人工智能通过深度学习技术，借助大量标注好的图像数据来识别。例如借助 100 000 张标注为“车辆”的照片和 100 000 张标注为“非车辆”的照片，人工智能算法通过“学习”来调整模型中不同网络层的参数，在这个过程中，模型仿佛通过计算后会给出“是不是车辆”的判断，如果判断的结果和图片标注的不一致，那么就通过调整模型的参数，来让人工智能模型朝着“给出正确判断”的方向上调整。在人工智能学习的过程中，我们只需要给出标注好的图片以及算法模型的结构即可，不再需要手工定义“车”的特征。

1.1.3 生活中的人工智能可以帮你做什么

脸书（Facebook）的创始人扎克伯格曾经在 2016 年度挑战中，为家里打造一款人工智能管家——Jarivs。这款耗时 100 多小时开发的家庭智能管理系统，通过语音对话的形式输入控制指令，并结合智能硬件设备给他的生活带来便利，比如通过语音打开或调整室内灯光、点播歌曲等。人工智能可以充当人的私人助理、贴身管家，可以根据人的身体状态、心情、周围环境，做出合理的规划和推荐。结合智能硬件和传感设备，人工智能可随时检测人的身体状态，为人们提供饮食、穿衣等方面的参考。

想象未来有一天：

清晨，你的“智能睡眠助手”通过循序渐进的叫醒音乐将你唤醒，并对你说：“昨晚你的睡眠质量还不错，不过你的鼻子呼吸不通畅，注意冲洗……”；当你走进洗漱间洗漱时，人工智能助手自动帮你挤好了牙膏，镜子里面内置的摄像头扫描到你的面部状态，为你选择了适合目前皮肤状态的洁面乳，以及涂抹的护肤品；当你走回房间后，人工智能助手根据你的身体健康状况和营养摄入的需要为你准备了早饭；吃完早饭后，人工智能助手根据你的穿搭喜好、日程安排和天气情况，为你搭配好了今天的着装，晚些时候有降雨，人工智能助手还在你的公文包里面增加了雨伞；到了上班的时间，你乘坐一辆自动驾驶的汽车，它已自动设定好目的地，并且在大屏幕上为你呈现当天的工作计划、行程安排，你可能感兴趣的新闻内容也呈现在车内的大屏幕上，你闭目养神，选择让它自动为你读出新闻……

在生活中，这样具体的场景会有很多，不同场景中所需要的人工智能技术也不尽相同。除了算法外，人工智能需要传感设备接收外部指令的输入，如摄像头、麦克风等作为它的“感官”，它也需要机械设备、显示设备等作为“手”和“脚”，来为我们提供服务。

人工智能在我们的生活中能够落地的方面，大致如下：

1. 信息的整合、过滤、推荐

我们每天都要从外部获取很多信息，新闻、时事、科普资料等，在“信息爆炸”的当下，我们每天要看的资讯、材料经常看不完，经常抱着手机生怕错过重要的消息，但这些信息中有多少比例是对你有用的？很多人也因此产生了信息焦虑。人工智能作为生活中最懂你的“人”，可以成为帮助你过滤信息的助手。通过你的阅读行为记录、爱好等“历史数据”，人工智能从互联网上筛选出你需要的和感兴趣的信息，再对信息进行汇总、分级，过滤无效信息后生成重要信息简报，及时推送给你；基于自然语言大模型的聊天机器人服务能够快速生成一长段内容的摘要，让你快速获取重要内容；你也可以在休息的时候，借助自己的人工智能助手，通过语音或者文字将感兴趣的新闻整合成一份简报。

2. 监测身体、环境状态的智能监控

智能手表、智能手环、智能眼镜等可穿戴设备，可以监测你的身体指标，比

如最常见的心律、脉搏等，但我们更需要从这些指标中得到指导、建议，以及了解周围人和环境的状态信息后，应该如何行动。借助人工智能的能力，可以在可穿戴设备监测数据的基础上提供以下两种功能：

一是通过人工智能感知外界状态，作为你自身感知能力的延伸。比如亚马逊的 Dylan 声控手环，内置一个麦克风，可以在接收到用户的声音信息之后，分析出用户当前的情感状态，提醒穿戴者如何与处在特定情感状态下的此人更好地沟通。也能够根据身体检测指标做出饮食方面的指导建议，或者监测周边环境，并及时将潜在的“危险”告知你。

二是实时监测身体状态。当你的身体状态出现异常时，它能够及时通知你；通过收集个人身体数据，它也可以给出更好的日常锻炼方案，训练对应的个性化模型，为你提供专业化的指导建议。比如人工智能会根据你的肌肉状态、体脂率等指标，以及工作劳累程度和所处环境，为你推荐健身课程。

3. 处理体力劳动

人工智能会替代那些低效率、繁杂的体力劳动，如扫地、洗碗、擦桌子、整理房间……这些生活中的“小事”与生活品质息息相关，但这些每天都要重复进行的体力劳动，会占用我们的学习、工作时间，随着智能机器人的发展，这些“体力劳动”已经在逐步转交给人工智能机器人。目前的家用机器人都是专注于某个具体的功能，如洗碗、洗衣、扫地，人通过遥控器、控制按钮或者语音来控制设备的启停，这些设备是不具备“智能”的。未来这些家用机器人的“智能”体现在两个方面：

1）统一控制，协同作业：在未来，家用智能设备将通过一个统一的“入口”进行控制，各个智能家用设备将接受统一的调控和规划。这样做的好处是不同设备之间会产生“联动”，具备不同功能的硬件设备在一起工作，比如当主人喝粥洒在了木地板上，先需要扫地机器人完成清理，后需要保养维护木地板的机器人跟进，这种“协同作业”无须人去启动不同的家用机器人来完成任务，而是统一的“入口”会根据对家中环境的监测，自动调用家中的设备来处理。

2）无须人为控制：可以自动检测当前环境是否需要家用机器人开始工作，进而在适合的时机自动完成工作（如家中有人休息时扫地机器人不适合工作）。

4. 处理信息聚合、分析、生成等简单的智力活动

人类不擅长的、需要大量重复性工作的场景，如检索、大规模并行计算都可以由人工智能完成，比如为了单个搜索词浏览数十亿个网页来聚合关键信息，或者通过迭代计算求路径规划问题的最优解，又或者在人工提示的情况下生成营销创意文案和续写小说……这些任务都有明确的操作步骤以及目标，执行这些任务的操作步骤和结果是明确的，所以现阶段的人工智能就可以帮你做这些事。

1.1.4　工作中的人工智能可以帮你做什么

随着越来越多的传统企业转型，以及企业服务类人工智能产品落地场景增多，人工智能技术也被逐渐应用到日常工作中。很多人恐慌人工智能会通过“高效率”“无休息”的特点在很多工作岗位上“取代”或“打败”人类，但总体来说：

人工智能不会单纯取代“劳动力”，而会辅助提高人们的工作效率。

人工智能可以完成工作中重复性高、危险性高的部分，也可以当目标明确时做简单的创作型工作，如当前有的人工智能工具可以生成图像。人工智能的能力来自“数据”。机器学习和深度学习所遵循的范式就是“数据拟合”，都是以统计学、概率论为核心的概率模型，简言之：从数据中找到“对应关系”。自然语言大模型（LLM）也是在被训练了千百万次之后，可以根据上文内容来不断预测下文内容。因此人工智能无法主动定义任务，也无法在未经数据训练的条件下产生

创造力，可以在工作中作为助手来提高效率。

人工智能主要从以下四个角度改变我们的工作方式，如图 1-2 所示。

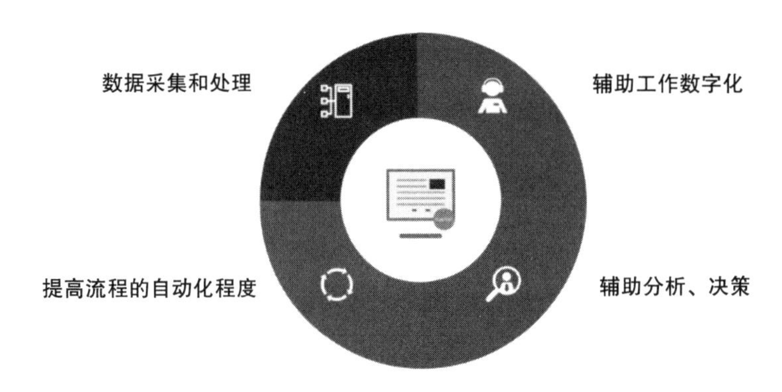

图 1-2　人工智能在工作中可发挥的作用

1. 数据采集和处理

从信息采集和录入，到数据加工处理，在很多企业中这些环节还是依赖企业员工手动完成，通过自动化的方式完成数据的采集和处理能够有效提高企业内数据流转的效率，比如，财务人员依然需要录入发票信息，手工操作中难以避免出现误差和错误。使用 OCR（Optical Character Recognition，光学字符识别）和图像识别技术，只需对着纸质票据进行扫描或者拍照，就能自动将票据图像“翻译”为结构化数据，并对数据进行自动预处理、表单录入，财务人员可以根据企业需求自动归类票据并存储影像，不仅使重复性录入数据的工作效率大大提高，还降低了潜在录入出错的风险。

2. 辅助工作数字化

我们在工作中都会遇到手动整理资料的场景，如编写会议纪要、工作日程安排、需求文档等，使用语音和自然语言处理等技术，人工智能可以自动帮助我们整理资料，提取重要内容，安排日程计划等，从而辅助自动安排日常工作计划。人工智能也可以辅助检索聚合信息，生成文档报告、安排会议等，减少我们花费在琐碎的、重复性、机械性工作上的时间。

3. 提高流程的自动化程度

需要多人协作的工作或需要多个环节处理的工作，通过人工智能技术可以串联其中信息流转的环节，减少或替代这些环节中人的参与，在提高业务管理效率的同时降低人工操作的出错率。以电子商务中“商品素材优化”的工作流程举例，往往电商企业为了提高商品的点击率和转化率，会由设计人员（UI）和专业的电商运营人员对“商品图片”“标题”等内容不断进行优化，整个优化过程可以拆分为“素材制作”“投放计划方案设计”“素材实验”“效果分析”“素材上线”五个步骤，并在日常工作中不断重复这五个步骤，共需要设计人员、运营人员、数据分析师等约 5 人，完成一轮素材优化工作需要 1~2 周。在这个工作流程中涉及人工处理的“素材制作”和依托数据的“素材实验”“效果分析”步骤，目前可以借助人工智能完成。该案例的工作流程自动化的介绍请参考 4.5 节内容。

4. 辅助分析、决策

在很多专业化程度高的领域，如贷款审核、艺术设计，人工智能技术的应用会受制于算法、监管、安全性等因素而无法完成整个工作，但我们依旧可以利用算法在这些领域辅助我们。面对有大量业务数据的场景，可以通过人工智能算法挖掘我们感兴趣的部分，或者发现一些很难通过人脑分析得到的潜在的有价值信息，来辅助我们在工作中进行决策、判断。比如，利用图像识别算法可以从最新的时尚图片中提取关键信息，以确定图中的物品或人物的穿着风格等，这包含上百个细节，人工智能可为其自动生成标签，这些生成好的标签可以帮助我们监测分析潮流趋势，发现社交媒体上的新兴产品，总结出社交媒体上最热门的时尚潮流及消费者偏好，从而帮助时尚电商和时尚品牌规划自己的商品，作为产品生产、设计的参考。

未来，哪些工作会被人工智能“取代”？

说“人工智能取代工作”不够准确，人工智能不会取代“工作”，而会替我们去执行“危险”“重复性质的体力劳动”等工作任务，提高工作效率。

1）**危险性高工作**：如矿井勘探、深海作业、高温作业等，在这些环境下由人去完成工作会有很高的风险，由人工智能机器人替代人在这些环境中工作可以避免环境对人体造成的伤害。这些环境中的工作内容一般是检测、搬运、采集等，其中需要人为决策的工作内容可以通过网络信号传输给操作员，操作员在非危险环境中处理。我们现在已经可以看到有各式各样的机器人通过机械臂来替代人工作业，此时人工智能发挥作用的地方主要是通过实时采集的信号来辅助操作员决策，或者通过摄像头等设备对现场物体进行检测、行进道路规划等。人工智能替代的是具体的实施工作，并非真正“取代”高危环境下的工作，而是将人从工作环境中解放，让人以类似于“人工智能操作员”的角色和它协作。

2）**重复性质的体力劳动**：如食物、服装、机械设备装配的流水线，这些都属于重复性质的体力劳动，基本所有工作岗位都会存在，就连软件开发工程师也不例外。重复性质的工作是可以通过人工智能自动完成的，在具体场景下局部精细微调和审核工作任务还是需要人来把关。不同场景下这些“重复性质的体力劳动”所占的比例是不一样的，如在商品生产的流水线上，未来发展的趋势是自动化、无人化，而在“重复性质的体力劳动”占比低的行业内，如在软件开发工程师对代码的复用中，人工智能所充当的角色是“协作者”。当遇到开发问题时，开发者过去经常从 Stack Overflow 等开发者论坛上提问或查找答案，现在可以通过询问自然语言大模型聊天机器人来寻求答案，之后再配合搜索引擎搜索、编译调试来解决问题。人工智能凭借内容聚合、分析、生成的能力也可以为开发者补全代码，以及编写一部分需要的代码，来提高开发者编写代码的效率。

人工智能能够“取代”的工作**有明确的落地“边界”**，是指落地场景具有下述四个条件：

- 解决问题有实际可操作的流程；
- 有明确的开始条件或明确的输入数据；
- 流程中的环节流转有明确的判断条件；
- 有明确可以判断工作完成的方法。

这四个条件都需要人来清晰定义，并且流程的流转是以数据作为判断、分析依据，这样才能够通过人工智能自动把整个场景串起来，让它来完成工作，如图 1-3 所示。

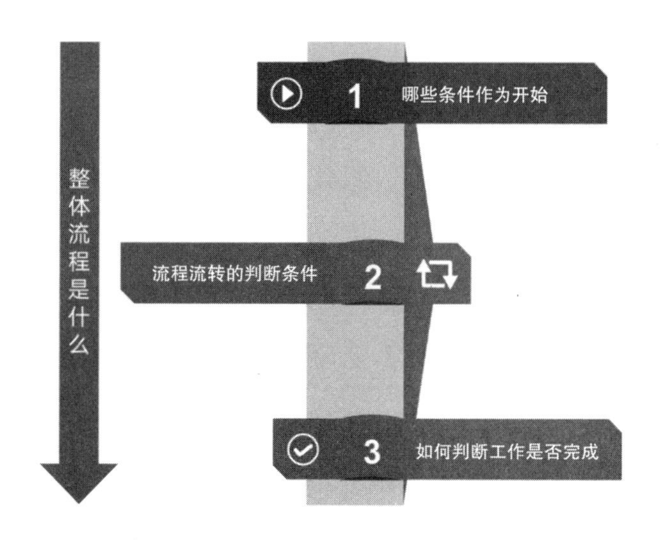

图 1-3　人工智能能够“取代”工作的条件

1.2 人工智能擅长的和不擅长的

1.2.1 人工智能的局限和落地的依赖

当前阶段，人工智能能够在一定范围内具备推理和解决问题的能力，被称为“弱人工智能”阶段。在这个阶段，人工智能是拟人化的，只是从解决问题的角度上能够像人一样行动，但无法具备“自我意识”，如抽象、直觉、审美、情感等。现在的技术已经可以生产出自动驾驶的车辆，未来交通将在人工智能城市大脑的指挥下更加井然有序；医学影像分析系统可以辅助医生给病人看病；实时多语言翻译软件可以帮助我们无沟通障碍地出境游……在“感知层面”，人工智能已经在很多领域超过了人类，比如人脸识别、语音识别等，但它是可以执行的计算机程序，按照设计好的逻辑执行，不具备重新创造新任务的能力，也就是说当前人工智能无法做到以下两点：

- 不能像人类一样拥有“自主”意识，不能自己在场景中产生并完成任务，这样导致人工智能无法完成没有预先定义的任务；
- 没有“价值系统”，不能像人类一样在“认知层面”依靠理性的认知或感性的情感进行决策。

为了更加直观地说明人工智能的局限，我用人脑的智能来对比。现阶段相较于人脑的智能，人工智能存在以下四个劣势：

1. 低效率

人工智能模型在运行和训练的时候需要“算力”支持，计算机在运算时的耗能要远超人脑。以“图像识别”举例，为了确保人工智能能够达到我们想要的准确率，深度神经网络模型结构需要几千甚至上万层，其中模型的参数是千万乃至上亿级别，这意味着人工智能在每次计算的时候，都要完整经过一次模型网络，需要的计算量规模也是上亿级别。人脑通过化学神经递质传播，平均每秒只能传导 200 次信号，并且每次传输的成功率只有 30% 左右[3]，因此相对于人脑而言，人工智能的计算量要远远多于人脑。

2. 难解释

人工智能的学习过程就像一个学生学习时只靠死记硬背，虽然刻苦，但不理解其中的因果关系，也很难向别人解释；虽然能够回答问题，但换个问题可能就不灵了。目前的人工智能在有明确执行步骤的场景下是有效且实用的，比如文字识别和录入等场景，但在医疗、公共安全、法律政策等需要因果解释的领域，因其解释性差而无法得到充分的信任，也无法和大众进行沟通，出了问题也无法为结果完全负责，因此目前对于可解释性要求高的医疗场景来说，人工智能只能作为辅助工具使用。

人工智能的学习过程可以简单理解为数学中的函数，像学习“$y = k \times x^2 + b$”一样，给定一个输入数据，通过计算可以得到一个对应的计算结果，每个计算都可以理解成对一个函数的拟合，其中函数的参数是不需要提前指定的，可以通过数据的内在规律和多次迭代计算得到，那么整个人工智能模型里面就包含了成千上万个具有不同参数的计算公式，当这些计算公式放在一起，人就难以理解和解释了。总体来看，给定了什么样的数据，人工智能模型就会学习得到一组庞大的计算公式组合，因此从整体上对人工智能模型进行解释就比较困难。

3. 难控制

人工智能运行过程中的环境是复杂多变的，由于有的算法具备在线学习和个性化服务用户的能力，这种人工智能很容易被数据“带跑偏”，也容易遇到处理不了的场景而失效。比如 2016 年 3 月 23 日，微软在社交平台上发布了一个聊天机器人 Tay，这个机器人原先设定为“纯情少女”，居心不良的用户利用 Tay 模仿说话的漏洞，对 Tay 进行了错误的训练，只用了一天的时间就将 Tay 教坏了。如果是在企业的一些生产环节，如制造流水线上，或者是在系统中的核心环节发生这样的事情，那么这种“不可控”就可能会造成严重的问题或很大的损失。

虽然目前火热的 GPT 大语言模型强大到可以帮助我们创作小说、编写报告、写营销文案、做数学题，以及解决很多场景下的问题，以至于大家开始讨论通用人工智能（Artificial General Intelligence，AGI）是否触手可及，但我们在和 GPT

聊天的时候会发现大语言模型存在“胡编乱造”的情况，这是由于大语言模型在训练过程中存在“数据偏差”，当数据不够或者模型设计存在问题时，它就开始“天马行空”。

究其原因，主要有以下两个：

1）数据采集没有覆盖所有场景。人工智能是从数据中学习规律并在实际中应用的，数据在收集过程中难以覆盖场景下的所有情况，开发者也未必对所有情况考虑完整，因此遇到数据没有覆盖的情况时，人工智能可能就无法派上用场。

2）人工智能在场景中应用的时候，需要明确具体的目标。在学习阶段，人工智能的学习过程就是在追求目标收益的最大化，需要开发者事先设定好学习规则，当出现需要妥协或者需要做的事和“目标收益最大化”相违背的场景时，人工智能只会遵照之前设定好的学习规则来执行，这时候需要人为干预或者在人工智能的目标中增加限制条件来完善。

4. 低泛化

人脑的学习模式是少样本学习，即“小数据，大任务”，而人工智能则是从大数据中学习来解决小的问题，即“大数据，小任务”。人工智能依赖大数据，人脑依赖小数据，比如我们新认识一个人，很快就可以记住他的样貌，人脑可以举一反三，但是深度学习、机器学习依赖大量的数据，没法做到，它要从数据中学习规律。这种模式使得人工智能在一个场景下学习好的模型很难迁移到新的场景之中。目前火热的迁移学习和预训练也只能在类似的场景下才能产生作用，比如识别动物种类的模型可以作为行人检测的预训练模型。

这也是在大语言模型问世之前，很多做企业端智能对话系统的公司很难规模化的核心原因——场景模型是“手动”生成的，就算不同客户公司的场景一样，数据的收集、处理方式、量纲、标注方式也会有偏差。

上述人工智能的局限，是由人工智能在实现过程中的方案造成的。人工智能在实现上有以下几个依赖，如图 1-4 所示：

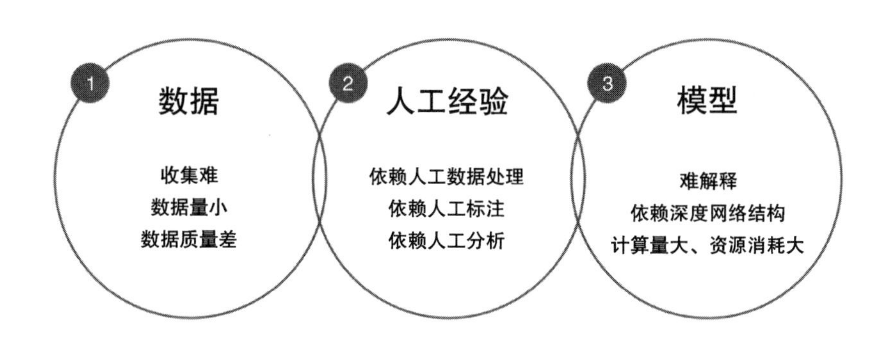

图 1-4　人工智能的依赖

1. 依赖大型数据集

目前人工智能是从大量数据流中学习规律、知识，并在实际场景中应用，根据特定场景的数据训练的人工智能是面向业务、场景的，只能在特定场景下发挥作用，是不具备自我思考能力的、可顺序执行的计算机程序。

当数据量比较小的时候，人工智能模型（尤其是深度学习模型）往往无法取得好的效果，一来因为数据量小可能无法适应场景中的所有情况；二来无法学习到面向学习目标的规律，在这种情况下学习到的模型大多数类似于随机模型，就好像我们平时“掷骰子”一样。目前，从小数据中学习的有效学习算法还处在学界研究的前沿，如联邦学习、迁移学习（2.2.2 小节将介绍五种主要学习方式）。

2. 依赖人工经验

人工智能对于人工的依赖包含两个方面，一是体现在算法技术人员方面，需要用他们的经验来处理数据、选择适用的算法、优化模型的结构和参数，这些工作和落地的效果直接相关。二是体现在数据方面，无论是数据的收集还是数据字段的有效性判断工作都依赖标注人员（从业者）。从数据收集角度看，需要辨别哪些数据源是对场景内任务有用的，如果数据源有问题，再好的算法人员也无法得到想要的效果；同样，对于标注收集上来的数据，在监督式学习场景下，如果数据标注不准确，就会干扰人工智能模型学习的方向，进而影响落地的效果。

3. 依赖深度网络结构

人工智能目前的广泛落地离不开深度学习的发展，传统的算法准确率在很多场景下达不到应用落地的程度，比如准确率在 70% 左右，深度学习使得准确率直接跃迁到 90% 以上，尤其是在图片、音频、视频领域的提高。相比传统的机器学习方法，深度学习可以将准确率提高 30%~50%，因此在各个场景之中，研究者都在广泛地应用深度学习技术。深度学习通过多个隐含层和海量的训练数据来自动学习和构造有用的特征，这些特征是人难以识别和解释的。

从人工智能技术上的进展来看，这些问题在未来都会得到解决，目前不会影响人工智能在具体场景下的落地，互联网和企业数字化的发展也为人工智能提供了数据和环境，目前的局限性不会阻碍其发展。

1.2.2 人工智能的优势

人工智能发展过程虽然曲折，并且有很多技术上的难点等待攻克，但相对于人工处理和自动化的解决方案而言，人工智能在很多场景中落地的效果已经展示出明显的优势。这些优势体现为以下四种能力：

1. 感知

视觉、听觉、触觉分别对应于人工智能的计算机视觉、语音识别和传感器技术，得益于深度学习的发展，使人工智能具有感知能力，能够在环境中进行交互，分析环境中图像、声音等语义信息。例如，自动驾驶汽车通过激光雷达、摄像头等感知设备和算法，来识别道路环境、周围车辆、行人，进而调节行车状态；再如，扫地机器人通过计算机视觉技术实现自我定位和绘制清洁区域的映射地图，利用目标检测算法实时分析摄像头的图像中包含的物体，并对其位置和类别进行分类，判断是障碍物，还是地形或要清扫的物品。

对于与感知能力相关的人工智能算法，大多数都是监督式学习模式的算法，因此依赖数据标注的准确性。环境中各式各样的物体，需要人为标注来告知人工智能，同时在一定辅助规则下完成场景中的任务，比如当识别到前车、行人距离过近以及遇到红灯等情况时，自动驾驶汽车就应该刹车来确保自身和他人的安全。人工智能执行制定的规则，实际上就是模拟人完成场景中任务的过程，因此通过人的视觉、听觉、触觉可以沉淀出判断规则的场景都是人工智能目前可以胜任的场景。

2. 预测

人工智能通过输入数据对给定问题做出预测，通过大量已知数据训练算法模型，得到模型输入端和模型输出端的映射关系，在模型输入端输入一组数据后，模型就会从输出端给出预测的结果。大数据分析、金融风控模型、对话情绪识别、危险行为识别……这些场景都是人工智能根据现有的数据对目前或未来的状态做出预测。人工智能在训练过程中，通过计算机处理能够考虑的数据维度比人更广，可以客观地计算数据之间的关联性和逻辑规律，最终学习到的模型和人为得到的判断规则类似，但会更加复杂，就好比如果人的判断规则只是“if-else”，那么人工智能在场景中学习到的模型类似于一个复杂的决策树网络，网络中包含上万个“if-else”来完成场景中的任务。

3. 关联分析

人工智能可以从数据中发现潜在的趋势或者数据关联模式，用一个更加常用的词来描述，就是“数据挖掘”。在这方面有一个广为流传的“啤酒与尿布”的故事。相传在20世纪90年代，某超市通过分析顾客的账单发现“啤酒”与“尿布”两件看上去毫无关系的商品，会经常出现在同一个购物篮中，超市就将两种商品的摆放位置拉近来提高商品的销售收入。电商平台也可以“捆绑推荐”“交叉销售”商品来提高成交量。当人工已经无法分析出众多商品的关联性时，就需要人工智能以实际销售历史数据为基础，找出哪些商品是用户经常一起购买的。

4. 快速迭代

人工智能可以通过对数据的学习描述现实世界，对未来世界的演化进行预测，并且可以根据数据的更新来快速学习，调整自己的决策。比如围棋中有超过10^{170}种变化，这比已知宇宙中所有的原子数量加在一起还要多，但仅训练72小时的AlphaGo Zero就能战胜当时世界排名第四的李世石。人工智能不断学习、演化、调整的能力，使它既可根据每天环境的变化，为我们提供个性化的服务，又能够及时响应环境中的变化，提高系统适应环境的能力，保证服务目标的达成。

这些能力使得人工智能相较于人脑有如下优势：

（1）数据处理能力强

计算机可以接受输入数据的范围要比人类大得多，能够吸纳的数据量更多。相较于人脑处理，计算机处理数据的能力更强，这些“机器”的特性使得人工智能能够更加精确、更快，同时数据处理维度更广。

（2）可复制性强

人工智能学习到的经验更容易被复制，直接“复制—粘贴”即可完成模型的复用，同时相似任务中的模型还可以用于其他任务的“预训练模型”，从而大大缩短新场景中人工智能模型训练的时间；而人传递知识需要依靠文字、语言，难以快速复用和迁移。

（3）不受体力影响

人工智能可以一天 24 小时不间断地工作，只要能够满足计算机运行的条件即可，并且机器完成工作的质量水准不会下降，还能够准确监视海量数据，出现了故障能够通过监控发出警报，让运维人员及时处理。相比之下，人是无法不间断工作的，同时在工作中也无法时时刻刻都集中精力。人工智能可以同时多线程工作（比如同时拨打上百个电话），而人工客服只能串行处理，每次拨打一个客户的电话。

（4）受运行环境影响小

在人工作业的场景下，人难免会受到环境的影响而导致交付质量差或效率降低，比如温度变化使人体感觉不适，或者受到突发事件影响无法集中注意力工作，甚至本身就是极冷、极热、黑暗环境等不适合人工操作的场景，有人在这些环境下操作设备是很危险的。而只要人工智能设备的结构设计和材料的选择能够满足环境限制，同时能够确保计算机处于稳定的工作状态，人工智能就可以稳定地工作。未来对人工操作不友好的工作场景、危险的环境都会被机器取代，比如深海勘探开发、楼宇外部清洁、消防救援等。

这些优势也是人工智能能够在很多场景中快速落地的原因。相比于人而言，人工智能整体的成本更低、效率更高、稳定性更强，人工智能的出现就是在帮助人类解决问题。

1.2.3　如何判断场景是否适合应用人工智能

人工智能是一种工具，是我们达成目标的方式之一。

人工智能是面向特定问题的解决方案，如果解决问题原本就不需要使用它，那么就应该选择其他技术方案，不能为了使用人工智能而落地人工智能。

“放之四海而皆准”的通用“人工智能解决方案”是不存在的，人工智能也并非适合所有行业，比如很多非标准行业或者服务业。

1. 如何判断现在的人工智能能完成哪些任务

人工智能目前能够落地的场景都是“数据驱动”“流程清晰”的任务，即当一个待解决问题的定义、输入内容、输出内容都能够通过数据描述，并且原先的任务可以通过人工方式来完成时，可以用人工智能来替换其中的“人工”。

以下是人工智能可以落地场景包含的三个基本因素（见图 1-5）：

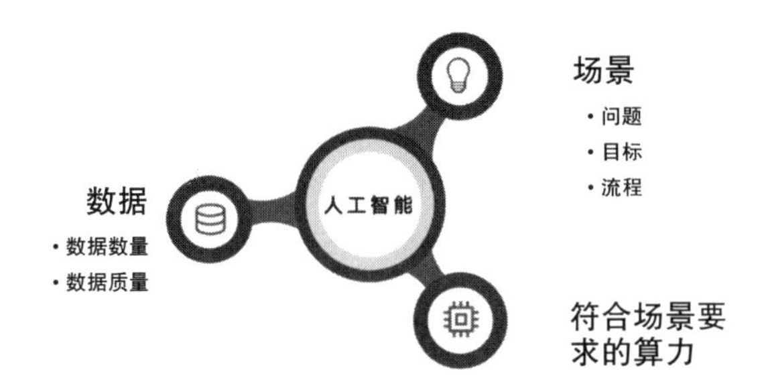

图 1-5 人工智能可以落地场景的三个基本因素

（1）场景

问题、目标、流程定义清晰，人工智能在学习的过程中会按照开发者指定的流程执行，如果你想让人工智能做某件事，这件事情的目标必须是可理解的、可定量评估的，否则无法训练人工智能。毕竟，如果不能给人工智能一些好的、坏的例子，它是无法从数据中提取特征来对样本进行判断的。从算法实施的角度来看，建立什么数学模型，采用什么算法，需要哪些软、硬件支持，也需要在明确全部的处理流程和目标之后，才可以进行选择。

人工智能的输出是和场景目标相关联的，目标必须是可以通过数据衡量的，这样才能建立模型，通过训练让人工智能的输出不断收敛，最终得到能够部署运行的人工智能模型。比如对于图像分类等有明确数据标签的场景，模型预测结果和标签的“差异”可以通过数据来度量，目标就是让这个“差异”越来越小；对于强化学习这种没有数据标签需要让人工智能从环境中识别的学习模式，则需要定义一个“得分函数”，学习的目标是使人工智能在流程执行的过程中不断使得分最大化。

判断目标、流程是否清晰明确，可以从以下三点入手：

1）场景中采集的输入数据的标准是什么？是什么样的格式？数据维度是什么样的？

明确这些内容后也就清楚了采集原始数据后，如何经过清洗、处理的步骤来得到模型所需要的数据。

2）场景中数据的输出是什么样的？有多少维度？每个维度代表什么？

明确了这些内容后也就明确了模型输出结果如何和系统中其他部分进行交互，以及如何解读输出的数据。

3）场景中涉及的流程都有哪些？场景流转的判断条件是什么样的？

对于系统型的人工智能产品，需要和系统中其他部分相配合，需要按照场景的需求来解决实际问题。

（2）数据

数据的“数量”和“质量”对人工智能落地的效果是非常有影响的。人工智能落地效果的瓶颈就在于“它只会和你的训练数据一样好”，如果数据不完整，那么人工智能所学到的知识和数据之间的关联也是不完整的。比如，利用人工智能来预测是否会下雨，如果训练数据错误地把所有下雨的天气标注成晴天，那么最后人工智能的预测结果会是相反的；再比如，如果与天气相关性高的因子在原始数据中有缺失现象，那么得到的预测结果可能会和随机预测结果一致。

数据采集和数据处理两个步骤是得到高质量数据的两个必要的步骤，由于数据采集困难，或数据处理过程依赖从业者的经验，在很多场景中难以获得用于训练人工智能模型的数据，进而只能通过专家规则和经验来完成任务。缺少了可以用于训练的数据，人工智能就无法落地。

（3）符合场景要求的算力

算力是人工智能模型训练和运行的必要硬件条件，它和人工智能落地的实际成本也是正相关的，人工智能算法越复杂对算力的要求就越高，同时落地所需要的实际成本也就越高。

场景中需要多少算力与需要同时处理的数据量、任务的复杂度相关，数据处理量越大、任务越复杂所需要的模型计算规模越大，如图 1-6 所示。算力不足会导致人工智能模型学习的速度和算法运行的速度变慢，甚至无法满足场景中的要

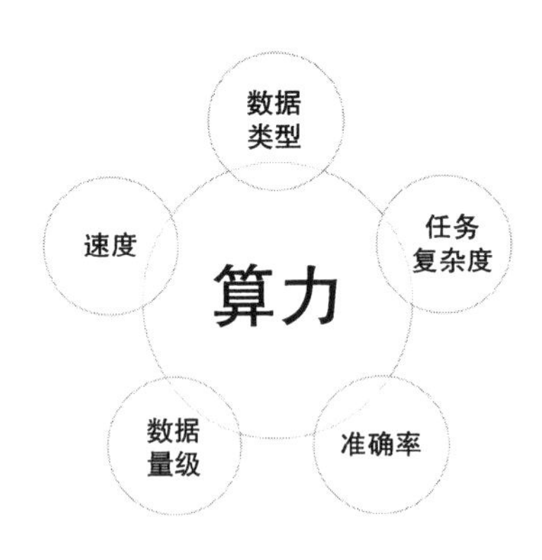

图 1-6 算力的影响因素

求，若你和人工智能客服对话，对方需要几十秒才能回复，用户的耐心都会被消耗完。这就好比一台马力强劲的发动机，却因为输油管狭小而无法发挥应有的能力一样。

算力及算法复杂度的选择只要符合场景对速度、准确率等的要求即可，大可不必盲目堆叠算力或追求算法的复杂度，算力越高，人工智能学习和训练时所消耗的电能就越大。现在很多场景不断提高模型的复杂度，过于追求人工智能准确率的极致，但做“应用”与做人工智能研究是不一样的，做“应用”更讲求经济性，根据场景适度地选择合适的算力即可。在算力选择上，可以从以往研究人员论文中的场景来选择，比如当你需要识别不同的机械零部件时，相似的物体识别场景（如对机械设备类型的识别）中所使用的算力就可以迁移到你的场景之中。

2. 哪些场景不适合人工智能落地

这个判断标准其实不难，可以在具体的场景中问自己七个问题来判断这个场景是否适合落地人工智能。

（1）问题一：是否可以通过“人工＋规则”来完成任务

人工智能所做的事情，是在当下的应用场景中提升效率，如果人都不知该怎么做，是无法转化成计算机程序去执行的。机器学习中的算法的具体构成，都由一连串的“操作序列”来表示，这些“操作序列”分解成每一步后，都是加减法、矩阵乘法、非线性运算等。这些“操作序列”集合在一起就是一个明确的计算机可执行的操作步骤，虽然有的模型中包含了上千万甚至上亿个参数，但这些参数之间的操作都由这些基本的计算单元所构成。同时由于模型参数、层数过多，使得计算量非常庞大，这样很难人为解释每一层具体运算的实际逻辑，但人工智能模型的学习是面向整体输出最优化不断地调节其中的参数，在人工定义的学习规则下进行的。

如果一个场景中不用人工智能，也可以用人工的方式按照标准的流程来解决原先场景中的问题，那么这种标准场景往往是可以落地人工智能的。比如在互联网金融的风控中，对于申请贷款人资质审核的场景，以往通过风控人员逐个对贷款人进行审核，来判断潜在的欺诈风险和信贷额度，有经验的风控人员会根据贷款人的背景信息形成一系列的评价规则。人工智能基于企业风控历史数据训练其实可以拟合出一套风控人员的规则。但是，当评价一个人的人品或情绪状态时，就很难人工定义标准的规则，因为每个人的看法和标准都是不一样的，机器不会产生喜好和偏见，在这种主观评价为主的非标准场景下，人工智能就不适合落地。

（2）问题二：是否需要常识作为辅助

在需要主动理解“常识”的场景中，人工智能往往难以落地，因为它无法像人一样懂得常识，也不知道特定名词所代表的含义，但它能够在不同的名词、短语、执行动作之间建立联系。当你描述的任务包含了“常识性”内容时，人工智能可能无法识别到你说的事情，除非你描述的内容已经在机器的知识库中，并且和已有概念绑定了。比如自动驾驶的汽车，如果你将“公司”和某个具体的地点进行绑定，这样当每次说“去公司”时，它都能知道你要去哪里；当你告诉人工智能“我要去五道口华联购物中心”时，它也可以准确地识别目的地，但当你说“送我去五道口商场”（由于日常习惯你可能会省略具体的“商场名称”）时，如果人工智能没有记录你的日常偏好，没有“常识”作为辅助，就会为你匹配很多与之相关的地点，无法将你描述的地点准确地和目的地进行匹配。

在人工数据输入的指导下，人工智能可以通过用户的使用习惯将一些常识和客观事实进行绑定，在得到用户确认的情况下，自动生成一条对应客观事实的常识。如果场景中包含的“常识”无法通过历史数据或人工输入知识进行连接，那么机器无法学习到相关的内容，进而也就没办法完成场景中的任务。

(3) 问题三：是否有“标注”数据

人工智能是数据“喂养”出来的，数据标注是形成有价值的海量数据的非常重要的一环。

对于“**监督式学习**”算法来说，标注是“**事前**”的，比如要教人工智能识别一头牛，需要大量牛的图片，并通过“标注”来告诉人工智能“这些图片中像素组合起来表达的含义是‘牛’”，这些数据就是用于训练人工智能模型的“训练数据”。人工智能模型通过提取图片之中的特征来描述“牛”，因此在训练完成后，人工智能模型能够正确识别的是那些在训练数据中出现过的“牛”。如果给它看一张从未在训练数据中出现的“牛”，如“奶牛”(训练数据中牛身上的花纹不一样)，它可能就认不出来了。

在缺少“标注”的场景下，需要通过“**无监督式学习**”来处理数据，如聚类分析(将一组数据或对象按照某种规则划分为多个种类)，这种标注是“**事后**”的。从数据角度上来看这些数据是不需要“标注”即可对数据进行类别划分。这里需要的“标注”是指对人工智能处理的结果，需要人来解释聚类结果的实际意义，告诉人工智能和其他协作者聚类结果的含义。

(4) 问题四：工作流程是否清晰

工作流程不标准、无法清晰描述的场景无法落地人工智能。人工智能落地除了算法模型之外，还需要将其处理结果用到场景的流程里去解决问题，比如用“摄像头”和“图像分类算法”对汽车生产线上的劣质生产零件进行检测，当人工智能判断生产零件“合格”或者“不合格”后，需要将“不合格”的零件从生产线剔除，以防止这些不合格的零件被用在汽车的组装环节；如果处理流程不清晰，开发者也无法通过计算机程序将原先场景中的流程和人工智能结合起来。

对于场景中的处理流程，人工智能落地需要明确以下三个方面：

1）场景中都有哪些“状态”？比如对于工业质检来说，状态可以分为良品、劣品、疑似劣品、系统故障。

2）环境、人工智能的输入和输出都是什么？环境是工业流水线，输入是通过流水线上采集图像的摄像头采集到的待质检零件的照片，输出是根据人工智能模型判断零件是否为“劣品”。

3）场景中的完整处理环节是怎样的？还是上面工业质检的例子，流程如图1-7所示。

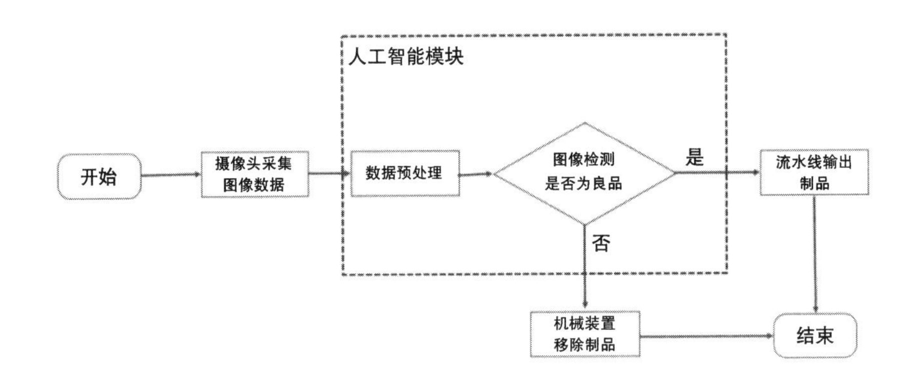

图1-7 工业质检流程图

当明确了以上三点后，整个场景中的处理流程就清晰了。

（5）问题五：人工智能的目标是否清晰

人工智能的目标就是最优化：**在复杂环境与多体交互中做出最优决策。**

因此需要明确的目标来决定人工智能优化的方向，缺少优化目标的人工智能就和在大海中航行没有目标的帆船一样。目标的作用有以下三点：

1）训练时，为人工智能模型的优化指明方向。可以通过最小化“损失函数”求解和评估模型，来指导人工智能优化的方向。“损失函数”是模型预测结果和标注输出结果的偏差，在监督式学习中优化主要是使人工智能模型能够在给定输入下输出对应的结果。

2）指导智能体在环境中的行动。以室内环境控制来说，人工智能的目标就类似于空调或加湿器，设定一个最适合人体的温度或湿度等条件，当实际探测和目标不一样时，就通过空调、加湿器进行室内的温度、湿度调节。

3）评估落地场景的实际效果。模型运行的速度、准确率、召回率等数据，除非在实际场景中使用，否则无法知道“99.9%”的准确率实际应用时会产生什么样的效果。

（6）问题六：场景是否以“人工服务”为主要场景

当场景是以与人沟通的体验、同理心、认同感这些满足“情感”的诉求为核心时，人工智能是无法替代人的价值的。比如心理咨询，需要心理咨询师引导患者，经过诉说、询问、讨论来找出引起心理问题的原因，再分析症结所在。

（7）问题七：人工智能的可解释性、准确率是否满足场景需要

目前许多人工智能模型都存在“黑箱”问题，这给我们解释和理解它输出结果的底层逻辑带来了困难，另外环境变化、数据质量较为敏感等因素也会影响算法输出的准确率。当场景涉及关键性的决策问题（如医疗诊断、法律量刑等）时，这种可解释性不足和准确性不稳定的问题，就会导致结果难以被信任和验证。这些问题也是当前人工智能领域的主要挑战之一，随着模型架构、训练算法、数据处理和标注方面的发展和完善，未来人工智能的可解释性、可靠性会进一步提高。如果我们需要在实际场景中应用人工智能，则需要对模型进行充分的测试和评估，当产生不符合预期的结果时，能够及时采取相应措施避免损失发生，具体如何做可参考 3.2.5 节中对人工智能系统实施 / 部署的内容介绍。

1.3 如何看待人工智能

我在科幻电影中第一次接触人工智能，导演和编剧天马行空的创意带领我走进未来的大门，相信很多人也是这样。在各式各样的科幻电影中都展示出不少未来场景，也暴露了很多问题，这些问题需要通过技术的发展制定相应的规则来解决，目前人工智能的发展水平还未达到电影展示出的那种高度智能的状态。

如电影《我，机器人》(*I*，*Robot*) 讲述了一个在2035年的机器时代，人工智能机器人在“三大法则”的约束下，成为人类生产生活中的重要角色。警探戴尔·史普纳在调查一宗案子时发现有部分机器人已经不受控制了，它们已经学会了独立思考，并且自己解开了控制密码，已经变成完全独立并且和人类并存的高智商机械群体。而另一部电影《机器管家》中，主角安德鲁是一名人工智能机器人，可以像人一样完成各种人能完成的工作，并且具有思维创造力，可以进行木雕与钟表的制作。电影或者新闻媒体对于人工智能的鼓吹，使不知实情的大众和非从业者对人工智能的期待要远高于现在的技术所能达到的水平，人们“神话”了人工智能。

在现有技术框架下，拥有自主意识、可以自主学习并解决所有问题的强人工智能机器人是不会出现的。

“意识”和“能力”是我们在畅想未来时最容易混淆的问题。“机器学习”“深度学习”“自然语言处理”等技术使计算机不断学习、模仿人类，但“机器”从意识上依旧一片空白，比如让一个人像机器一样，记住所有中文问题的答案，每当同伴抛出一个问题后，他都能调动记忆对答如流，那么他是不是就懂中文了呢？在这种场景下，机器可以不用管所表达内容的含义，不用理解任何一个汉字所表达的意思，也能够对我们的提问对答如流，这样的“套路”就是目前人工智能的“能力”，而理解内容所表达的意思，理解汉字一个个连接成句所表达的含义就是“意识”，所以暂时来看人工智能拥有自主意识，是缺乏理论基础支撑的。

人工智能能够凭借行业数据的积累成为特定领域的“专家”，能提高原先人工分析数据或者执行工作的效率，也会替我们去做高危险性、重复性的工作。人工智能在带给我们便利生活的同时，也会创造新的、真正需要发挥人的智慧和创意的工作。但目前的人工智能只能提取数据之间的相关性，无法理解数据的具体含义，因此无法像人一样主动解释数据中的因果关系，这也影响了人工智能在安全性、稳定性要求高的行业内落地，如电力行业、金融行业。

无论是影视作品中的“吹捧”还是部分行业内的“轻视”，都是因为人工智能技术没有被大众正确认知，正如罗伊·阿玛拉提出的**“人们总是高估一项科技所带来的短期效益，却又低估它的长期影响。”**这也是我想通过这本书解决的问题之一，希望能够让读者走近并了解“人工智能”，进而知道如何用它来帮助你。

相较于机器，人类真正的智慧在于丰富而真实的情感，我们拥有的同理心和共情能力是区别于机器、区别于算法的本能。

就像《活出生命的意义》(*Man's Search for Meaning*)一书中，心理学家维克多·E. 弗兰克尔(Viktor Emil Frankl)所说：“一个人所有的东西都可以被夺走，除了一样，人类的最后一个自由——他可以选择在任何特定情况下的态度和面对生活的方式。”

因此面对人工智能，我们能选择的态度就是积极地拥抱它，了解并学会使用其相关的产品，让技术来为我们服务。

从历史进程看，就像汽车发明后，虽然很多马车车夫因此“失业”，以及慢慢让其他一些工作变成历史，但也同样创造出新的工作机会，诞生了汽车司机、维修工程师等职业。我们需要的是不断使用新的生产工具以适应并胜任新的工作，在适应的过程中，我们会转向从事更具创新性、更有创造力的新工作、新行业。从更长的周期看，人无法阻拦社会效率的提高，人工智能和我们是一种双向成就的进化关系，未来会有更多我们目前认为的“脑力劳动工作”慢慢由人工智能来承担的情况，这也使我们可以转做更加专业、能创造更高价值的事情。

1.4 智能化产品

什么是人工智能产品？

我之前见过一个“智能笔记本”，是在笔记本上加上一个圆珠笔和一个充电宝，这是“智能”吗？现在的“智能音箱”和过去的传统音箱有什么区别？给音箱加上语音识别模块就是人工智能产品吗？

1.4.1 人工智能产品的发展

人工智能概念的提出最早可追溯到1956年的达特茅斯会议，但2016年“围棋人机大战”才让它在大众中掀起波澜，因此，2016年也被很多从业者称作人工智能的“元年”。近5年以人工智能技术为核心的应用、产品层出不穷，然而，从1956年开始的几十年间，深度学习技术却没能在实际的场景落地。造成这么大差距的原因是什么？

1. 原因一：两个技术——“反向传播”和“深度学习”

过去遇到的一个问题是：没有在数据上有效的学习算法。

1956年后，学者的研究方向一直是让计算机像人脑一样思考和解决问题，但这条路被发现是走不通的。直到1986年，杰弗里·辛顿（Geoffrey Hinton）提出反向传播算法来训练神经网络模型，通过这种算法来拟合训练数据，从而让机器“理解”结构化的数据。

“反向传播”是指将人工智能模型每次的输出结果和标注结果进行误差对比，以误差大小为依据来修改模型每一层计算的“权重”和“阈值”，使得模型向误差减小的方向优化，一步一步让模型输出的结果和输入数据的标注结果一致。其中“权重”和“阈值”可以简单理解为我们都熟悉的函数“$y = k \times x + b$”中的“k”和“b”。这个训练的过程也可以做一个形象化的比喻：某厂商生产一种产品，投放到市场之后收集消费者的反馈，然后根据消费者的喜好倾向，一步步对产品进行调整和升级，进而设计出让消费者满意的产品。“反向传播”其根本是求“偏导数”以及用高等数学中的“链式法则”。

那么“反向传播”如何调整模型的“权重”和“阈值”呢？这里要提到另一个技术名词——“梯度下降法”。

先调整模型参数，此时最容易想到的方法是“穷举法”，即列出所有参数可能的取值情况，然后通过对比不同取值下的损失函数输出值的大小，再选择使得损失函数最小的参数作为模型参数，但这种方法显然在模型参数较多的时候无法使用。如果使用“随机生成”方法，随机生成几组模型参数，然后也选择其中使得模型输出结果和标注差别最小的参数作为模型参数，由于这种方法训练时间不可控，也可能永远无法选到合适的模型参数。

在这种情况下就有了“梯度下降法”，它的理念是当我们无法直接计算出模型的最佳参数时，就通过多轮迭代，一步一步逼近那个点。从数学原理来看，“函数梯度”的方向是函数上升最快的方向，那么其反方向也就是函数下降最快的方向。这里的函数，就是我们定义模型输出和目标取值差异大小的“损失函数”。要理解这个过程，有一个常见而形象的例子就是“爬山”：当我们一步一步沿着坡度最陡峭的地方往山下走后，一定可以抵达山谷底部的位置。

“深度学习”则可以理解为一个多层的神经网络，拥有海量的模型参数，它也是“机器学习”中的一种。“深度学习”的理念来自对人工神经网络的研究，神经网络分为“输入层”“隐含层”“输出层”，其中包含多个隐含层的网络模型就可以理解为“深度学习”网络结构。深度学习由于隐含层多，其特征表达能力会更强，因此可以用于对图像、音频、文字等复杂的数据格式进行计算、处理。

2. 原因二：数字化的进展

互联网和传感器技术的进步带来了“海量”数据，它为训练人工智能提供了原材料。根据中国互联网络信息中心（CNNIC）[4] 报告显示，截至 2020 年 12 月，我国网民规模已达 9.89 亿，互联网渗透率达 70.4%；截至 2021 年 1 月，据 We Are Social & Hootsuite 发布的年度报告 [5] 显示，全世界互联网用户数为 48.8 亿，而我国有超过 10 亿的互联网用户。海量的数据给人工智能带来了充足的训练素材和坚实的数据基础，移动互联网和物联网（IoT）的爆发式发展也为人工智能提供了大量的学习样本和数据支撑。

企业目前所经历的数字化转型的过程也为人工智能落地提供了数据。企业内部由不同的业务单元组成，各司其职，随着规模增长、人数增加，各种管理问题会不断出现，如果希望解决这些管理问题以及业务运作问题，就必须依靠内部管理系统。企业内部管理系统的核心目标一个是降本增效，另一个就是看清企业各业务单元之间的协作是否顺畅。通过软件系统，如企业内部的沟通协作平台（企业微信、百度 Hi 等），以及企业内部的流程管理 BPM（业务流程管理）、OA（办公自动化）系统等，将标准化企业流程、管理制度等完全固化在业务运转流程中。在企业外部，外部系统将线上发生的交易和客户行为准确记录和存储，互联网的业务天然具备基于数据分析并赋能业务的土壤。这些企业内外部系统沉淀了大量的数据，帮助人工智能从数据中发现企业运转的瓶颈点，并以此作为抓手驱动内部业务模式的升级和优化。

从传感器、摄像头等 IoT 设备的数据采集，到云计算的大规模数据存储，再到视觉识别、语义识别等大规模数据计算，我们生活和工作中的方方面面都有数字化发展的痕迹，这其中沉淀的数据也为人工智能的落地提供了生存的土壤。

3. 原因三：算力进步

计算机处理器计算能力的发展为人工智能提供了算力资源，让计算机可以处理语音、图像这些非结构化的数据。过去科学家们的研究受限于单机的计算能力，没有成千上万个可以并行执行计算的分布式集群，也没有 GPU、FPGA（现场可编程门阵列）及人工智能芯片等计算芯片，计算能力的进步使得通过计算机来模拟人类的大规模深度神经网络成为现实。

IBM 的深蓝曾在 1997 年战胜国际象棋世界冠军卡斯帕罗夫，而现在，一台笔记本的计算能力已经超过了深蓝。我国的“天河二号”曾连续六年是世界最快的超级计算机，它的浮点运算速度已经达到每秒 33.86 千万亿次，是深蓝的 30 万倍。

4. 原因四：开源社区的繁荣

GitHub、CSDN、开源中国等开源社区的发展降低了人工智能入门的门槛，推动了人工智能的普及。在开源社区内，开发者既可以交流、学习技术，又能够找到并参与自己感兴趣的开源项目。很多开发者、企业更是将人工智能的计算处理、模型实现等封装成可以直接调用的类库，让开发者即使不懂得算法底层的逻辑，也可以开发自己的人工智能应用。在开源社区内，开发者也将自己的项目开源，让自己的解决方案通过社区的力量来优化，或下载并部署其他开发者的代码，还可以加入其他开源项目。

人工智能的技术发展也是一个迭代向上的过程，需要应用场景、数据和实时效果反馈对其不断反哺，当前的人工智能算法在某种程度上已然是开源技术，人人都可以在开源社区中获取最新的模型结构和算法，主要的问题还是如何结合落地场景来选择算法，以及如何将算法转化为切实可以部署的产品。这也是我写作本书的目的，希望让读者能够了解从算法到落地切实可行的步骤，以及如何发现身边可以“人工智能化”的场景。

1.4.2 人工智能产品的要素

今天人工智能落地的实现多是以“深度学习”和“机器学习”技术为主，都是基于统计学的，从数据中学习数据间潜在的联系和规律，这本质上是一种新的计算形式，即**在目标定义下不断从已经获取的知识中学习，来完成特定的任务。**

研究人员通过大量的统计学方法为计算机赋予智能，把智能的推理问题转变成数据问题，对于没有技术背景的大众，只需知道人工智能的核心是从数据中快速汲取知识，“汲取”的过程就是机器“学习”知识的过程。对于没有技术背景的消费者，则可以把人工智能看作“计算器”，把“计算器”理解为帮助我们解决“自动进行数字计算”这一问题的“人工智能产品”。

下面用“计算器”和“人工智能”进行对比，来了解人工智能产品的三个要素。

1. 算法

“计算器”显示的“数值输入”和“计算符号输入”，分别比对“人工智能”的“数据输入”和“模型建模”两个过程，计算器计算之后直接给出“计算结果”，而人工智能则是通过数据和建模过程得到“算法模型”，算法模型在训练完成后，输入实际数据才能够给出预测结果。

2. 数据

当算法或者计算能力达到一定程度之后，决定实际效果和准确率上限的因素就是“数据质量”，包括“数据量”及“信息维度”，即信息的丰富程度。从统计学角度来说，准确率和数据量级是相关的，数据量越多，信息包含的维度越多，数据质量越好，训练出来的识别算法就越准确。就好比当使用“计算器”时我们需要人工输入要计算的数据一样，数据越精确（如小数点后面的位数越多），得到的计算结果就越准确。

3. 场景

“算法”和“数据”只有在实际场景中应用才有意义，场景需求决定了采用什么样的算法，以及如何采集和存储数据。不存在能解决多个问题的技术，数据也只有在特定的应用领域才能发挥作用。比如计算器的实际用途是解决生活中的计算问题，计算购买商品的价格、计算房屋贷款还款金额等。

从人工智能产品落地的角度，可以把上述三个要素拆解为以下七个问题，明确这些问题后就可以完成对人工智能产品的定义了（见图 1-8）：

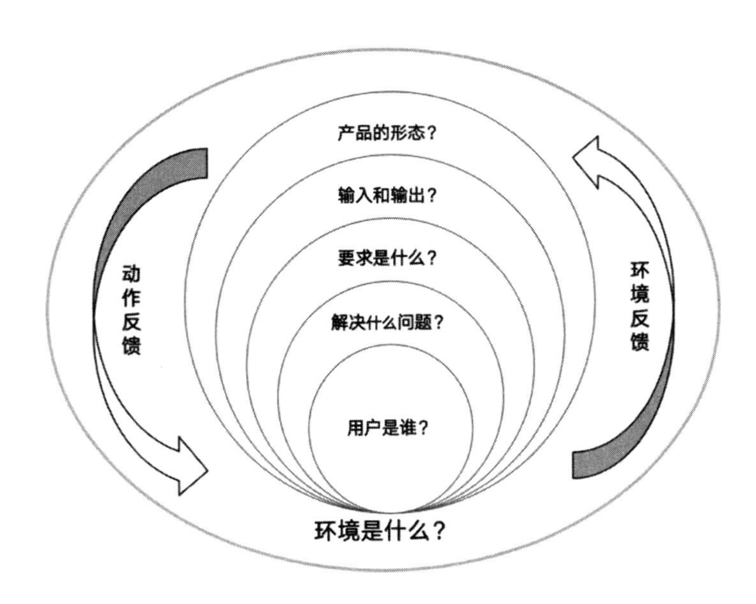

图 1-8　人工智能产品要素对应的七个问题

1. 问题一：用户是谁

产品服务的对象是谁，面向的用户是谁决定了人工智能用什么样的方式来提供服务，用户如何使用人工智能产品。

2. 问题二：解决什么问题

明确人工智能需要解决的问题才能够知道人工智能落地能产生什么样的价值，是否值得投入资源。

3. 问题三：解决问题的要求是什么

比如对人工智能运行速度、准确率的要求，会影响算法的复杂程度和需要的算力大小。

4. 问题四：产品的输入与输出分别是什么

“通过什么来触发人工智能”和“通过什么来表示完成任务”影响着算法的选择，比如将语音控制和视频输入相对比，这两者所使用的机器学习算法的输入和模型架构的选择是有区别的。

5. 问题五：产品是什么样的形态

产品形态决定了操作者如何输入指令或数据来使用人工智能系统，不同的产品形态对于用户的学习和适应成本也是不一样的。

6. 问题六：解决问题的环境是什么

人工智能应用的环境影响着人工智能和用户的交互方式，同时决定着人工智能落地环境中存在哪些干扰因素，如温度、湿度、噪声，在硬件层面需要做一定的适配来降低环境对服务的干扰。

7. 问题七：如何进行环境 / 动作反馈

人工智能需要不断地调整优化，通过环境反馈和围绕训练目标的迭代训练来提高人工智能算法的准确率和性能。比如，随着公司用户的增多，公司会收集到更多的数据来训练和优化算法，预测顾客喜好的精准度就会提高，服务和产品的质量也会随之提升，这样会吸引更多的新顾客来购买产品，为公司提供更多数据，如此构成商业闭环，并不断优化。

这七个问题同样也可以用来定义人工智能产品的执行过程，包含获取信息、处理信息、行动选择、执行动作、获取反馈、调节并重新获取信息的循环。

1.4.3　人工智能创业

自然语言大模型点燃了国内外人工智能从业者的热情，我们又看到了 AlphaGo 之后人工智能创业的火热。2023 年世界人工智能大会上，超过 30 个“大模型”集中亮相。在创投市场，很多互联网行业内的大咖也先后入场，成立大模型创业公司，比如“零一智能”“百川智能”……各行各业几乎都在和人工智能结合，甚至有的做跨境电商营销客服系统的创业公司，之前由于资本市场低迷一直无法融到下一轮创业资金，在商业模式计划结合人工智能推出基于大模型的营销客服后，立刻就获得了新一轮的投资。

在如此火热的情况下，我认为追求热点、科技是无可厚非的，但如果“生拉硬拽”则容易在人工智能产品化上出问题。比如现在有些产品直接增加了一个聊天对话框，再通过调用大语言模型的 API（应用程序编程接口）服务就自称为行业内 OpenAI 公司研发的聊天机器人的“替代品”，这其实反映出它并没有想好应该以怎样的形式和交互方式，来用人工智能解决场景中的问题。就像硅谷孵化器“创始人空间”（Founders Space）创始人史蒂文 · 霍夫曼在《穿越寒冬：创业者的融资策略与独角兽思维》[6] 一书中所说，不要因为“跟风”或“不想错过机会”

而创业，要想好为什么这么做，理由是什么？

那么关于人工智能产品化，这里有**“三个问题”**和**“三条建议”**提供给有意愿或已经走在人工智能创业道路上的同学。这三个问题也是在落地人工智能前需要思考清楚的。

1. 问题一：是“人工智能 + 行业”还是“行业 + 人工智能”

是先有行业场景和产品，然后结合人工智能的能力，即“行业 + 人工智能”？还是先做好技术，然后寻找可以落地的场景，即“人工智能 + 行业”？这是很多投资者和从业者一直在思考的。前者可以减少用户触达和产品冷启动的成本，同时由于产品已经服务了很多用户，因此大概率也积累了很多能够用于训练的数据；后者看上去有核心竞争力，但当技术成熟后，如何落地便是接下来的问题。目前“大模型”让人感觉无所不能，但其实这也意味着其场景和落地价值不清晰。一个想法如果没有与之对应的需求，那么就不值得投入大量时间去实现它[7]。

我的建议：先评估人工智能落地的价值。

可以根据 1.2.3 小节内容判断你熟悉的场景是否适合落地人工智能，之后根据场景的价值链来判断价值。落地后产生了 10 倍的效率提升，或者将成本降低到原先的 10%，是容易被客户所接受的。假设你的场景全价值链中，人工智能的价值只占 10%，那么当先做技术再落地行业时，你需要把另外 90% 的场景补齐，此种情况下这件事就会很难成功。如果 90% 的场景已经有了，那么再结合人工智能把剩下的 10% 补齐，就会很容易成功。当人工智能在场景价值链中占比较高并且存在技术门槛时，“人工智能 + 行业”就是合理的存在。

在判断全价值链中的占比时可以按照“成本投入”或“时间”来进行判断，看人工智能在场景中能够“减少多少成本投入”和“缩短多少时间”。以电商营销素材优化为例，设计师、运营人员制作不同的营销素材，往往需要 3 天左右时间，然后运营人员定制投放计划，之后通过线上实验来查看对不同素材用户实际的点击率、转化率等数据以选择哪些素材投入线上，整个设置计划和线上实验大约需要 2 天时间，在这个过程中占用时间成本最多的就是创意营销素材的制作。如果在该场景中按照“时间”维度衡量，发现通过 AIGC（生成式人工智能）生成营销素材可以将素材制作时间缩短到“秒”级，那么对于这种场景就可以选择先做好“技术”。

2. 问题二：是否真的需要“大模型”

研发一个自然语言大模型，无论是前期的数据准备成本，还是训练时候消耗的算力资源都是巨大的。2023 年 7 月 11 日，半导体咨询公司 SemiAnalysis 发布的文章[8]指出，要训练参数规模在 1.8 万亿左右的 GPT-4，需要训练数据 13 万亿，一次的训练成本大概为 6 300 万美元，该成本中还不包含失败的训练、调试，以及数据收集和标注上的人力成本。因此不要动不动就决定要做自己的大模型，少有创业公司早期会有这么多资源。

我的建议：先通过市场上成熟的大语言模型产品来验证场景。

先通过集成的方式将自己的产品推向市场，同时沉淀场景的数据和用户的使用反馈，也可以使用开源的模型来进行 Fine-Tuned 微调，以低成本验证数据和训练的有效性。毕竟我们的目标是面对挑战，“把事办成”，而不是做一个“大模型”，之后在市场上找“钉子”。那么在什么样的场景中需要坚定地做“大模型”？在你想要给各行各业提供基础的“人工智能底座”，同时公司的资源、数据、算力都充足的情况下，或当公司内各种场景的产品较多时，适合研究大模型，这样既能给自己的产品矩阵提供支持，又能够在未来开放从而向其他公司提供服务。

3. 问题三：你的解决方案足够“颠覆”吗

目前市场上能够起到传播作用的人工智能都具有足够“颠覆式”的效果，让之前完全无法设想的场景变成现实，比如通过人工智能制作 PPT、生成调研报告等。如果你的创意只能解决很小的问题，不仅竞争壁垒很小，还不具备传播效果，那么就会很容易被市场遗忘。如何能够做到“颠覆”？

我的建议：端到端让你的解决方案覆盖全场景价值链。

一来可以从“创作”的角度思考，过去我们总认为“创作”是属于人类的，人工智能只能帮助我们机械地完成重复性劳动，如认为人工智能无法做到创作图画等内容，但如今，人工智能也能够生成创意文案、艺术图片，甚至还能够制作视频；二来可以尽量让你的解决方案完整地解决“某件事”，原先我们认为人工智能只能辅助人的工作，或者解决场景下部分任务，但如今让你的解决方案独立、完整地覆盖全场景，如输入开发需求，让人工智能完成从代码的编写和编译工作到部署上线的全过程。

从时间发展的角度考虑，人工智能创业会有什么样的趋势？以下是我的初步判断：

1）短期，基于自然语言大模型的 Prompt 提示工程结合垂直场景。大模型可以作为调用数据和算力的合理方式，将大模型和场景下的需求连接，以提示工程为核心让人工智能帮助我们分析数据，输出行动建议、结论。这里有两点要注意，一是技术都有自己应用的边界，如果原先的解决方案已经效率足够高，那么就不需要落地人工智能；二是由于现在大模型的“幻觉”，它给出的内容的准确性和真实性还存在提升的空间，因此可以将人工智能作为收集、归纳信息的效率工具，只有对输出结果人为把关之后才能够将其应用到实际场景中。

2）中期，人工智能将会越来越应用到成熟的场景或解决方案中。当我们通过聊天机器人的方式和人工智能进行交互时，大多数人是无法清晰描述自己的任务需求的，甚至不知道其他人需要什么，因此Prompt提示工程有一定的技术门槛，当然这种方式已经比技术开发更加友好。越来越多的解决方案将这种开放式的问题，通过让用户做判断和选择的方式，在成熟的场景中嵌入人工智能，从而进一步降低用户使用人工智能的门槛，甚至我们都感觉不到自己在使用自然语言大模型，因为不再需要主动提示它。

3）长期，人工智能将能够主动调用和读取分析数据，调用系统内各技术模块，修改系统参数来独立解决完整的场景问题。要做到这些，既需要让自然语言大模型学习场景下系统架构、数据结构等更多的信息，又需要让人工智能真正变成系统的核心基础模块。

本章结语

本章带你进入了一场"特殊"的人工智能之旅，从我们日常生活、工作中常见的例子入手，助你了解人工智能的能力范围、优势和局限，这些能够帮助你判断哪些场景适合落地人工智能。人工智能是解决我们遇到问题的方式之一，当问题足够明确、可以通过固定的条件判断解决时，落地人工智能反而会徒增成本；当问题模糊不够明确时，又不一定会满足人工智能落地的条件。本章总结的"七个问题"可用于在具体场景中判断人工智能是否可以落地的依据。期待人工智能能够解决一切问题是不现实的。

本章围绕人工智能产品的发展和其要素的讨论，希望能够助你从正确的角度认知人工智能，而不是对它过度看"喜"或者看"悲"。在更加合理看待技术的发展和能力的基础上，我们才能真正思考在哪些场景下人工智能能够落地。关于人工智能产品化的细节，需要根据实际落地的应用场景进行梳理，这些内容将在后续章节中展开介绍。其实在各式各样的人工智能产品中，人工智能只做了下面两件事：

- 感知：我现在怎样？我处于什么样的状态；
- 预测：我要怎样？预测即将发生的事情。

做完这两件事之后就开始根据场景的问题或需求给出解决方案。“感知”和“预测”是我们解决问题时两个连续的环节，人工智能通过数据和算法来对落地场景中的这两个环节做“替代”或“辅助”。

在第 2 章中，我将带你走近“算法”和“思维”，用通俗易懂的语言介绍技术和案例，让你无论是否有技术背景，都能够更进一步了解这些场景背后的应用技术，同时也会展开介绍人工智能系统的构成，让你更全面地了解人工智能应用的架构。通过阅读第 2 章的内容，你就能够在分辨哪些具体场景适合落地人工智能的基础上，了解具体场景适合哪种人工智能算法。

参考文献

[1] 艾媒产业升级研究中心 . 艾媒咨询 |2020 上半年中国人工智能产业专题研究报告 [EB/OL]. [2020-08-26]. https：//www.iimedia.cn/c400/73875.html.

[2] POTTER M C，WYBLE B，HAGMANN C E，et al. Detecting meaning in RSVP at 13 ms per picture [J]. Attention Perception & Psychophysics，2014，76（2）：270-279.

[3] KURZWEIL R. 奇点临近 [M]. 李庆诚，董振华，田源，译 . 北京：机械工业出版社，2011.

[4] 中国互联网络信息中心 . 第 47 次中国互联网络发展状况统计报告 [EB/OL]. [2021-02-03]. http：//www.cnnic.net.cn/NMediaFile/old-attach/P020210203334633480104.pdf.

[5] 靳媛媛 . 当心！社交媒体也可能是你的抑郁之源 [J]. 心理与健康，2022，32：52-53.

[6] 霍夫曼 . 穿越寒冬：创业者的融资策略与独角兽思维 [M]. 周海云，译 . 北京：中信出版社，2020.

[7] 霍夫曼 . 让大象飞 [M]. 周海云，陈耿宣，译 . 北京：中信出版社，2017.

[8] PATEL，WONG. GPT-4 architecture，infrastructure，training dataset，costs，vision，MoE [EB/OL]. [2023-07-11]. https：//www.semianalysis.com/p/gpt-4-architecture-infrastructure.

第2章 需要认识的人工智能

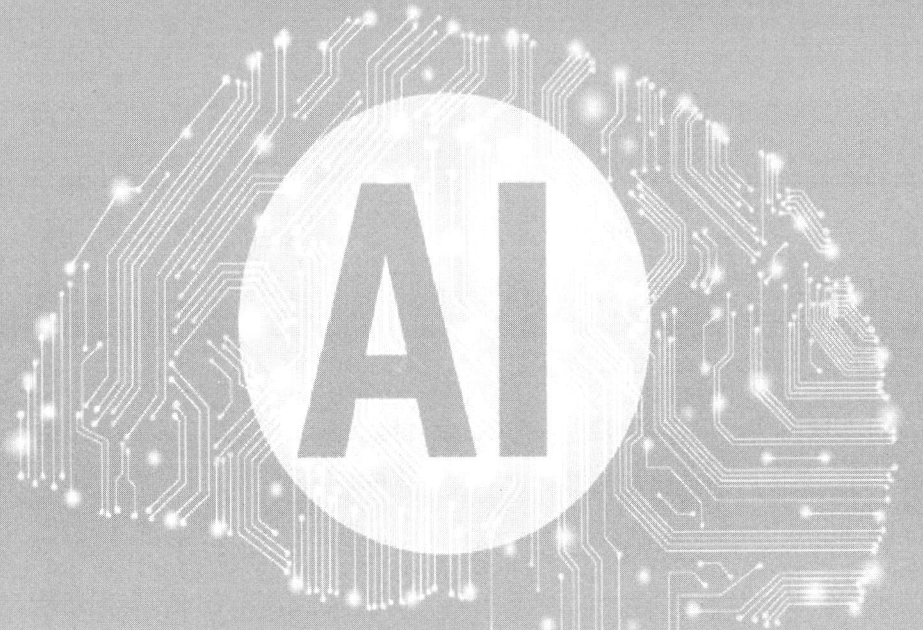

本章将具体介绍人工智能的思维、能力及系统结构，来帮助你进一步走近人工智能，了解从“思考”到“设计”，再到“实践”的过程，为后续展开介绍人工智能落地的步骤和案例做铺垫。算法是基于某种假设的实践和探索，因此掌握人工智能的思维方式可以更好地帮助你寻找人工智能落地的场景，同时在解决落地过程中遇到问题时游刃有余；了解人工智能的能力更能够让你在设计和规划人工智能落地的方案时更加顺畅；人工智能是包含软件、硬件的系统性解决方案，了解人工智能系统的结构能够让你知道落地人工智能有哪些准备工作，并辅助你判断人工智能落地的成本。

2.1 与“互联网思维”不同的“人工智能思维”

近20年来，互联网和移动互联网的高速发展使得各式各样的互联网应用深入到我们日常的生活中，相对于人工智能这个“新生事物”来说，我们对互联网产品会更加熟悉，“互联网”和“人工智能”二者相辅相成，在落地思路上既存在相同点又存在不同点。互联网的发展也给人工智能落地创造了土壤和空间，互联网产品积累了大量的结构化和非结构化的存储数据，比如用户行为数据以及商品、资讯等内容数据。

本节将互联网和人工智能的思维方式进行对比，通过我们每个人都熟悉的“互联网思维”来更好地理解和熟悉“人工智能思维”。掌握“人工智能思维”，即“人工智能落地思考问题的角度”，可以让你在解决问题时，能够从人工智能的角度思考有没有与人工智能相关的解决方案，从而发现更多适合人工智能落地的场景。

互联网是“连接产生数据”，人工智能则是“数据产生智能”。

人工智能和互联网创造价值的过程是类似的，都是使用数据来提高供需双方匹配的效率，互联网可以被理解成“建设道路”，人工智能则是“提高道路使用的效率”。互联网的发展，是在一个个垂直领域中建设信息流转的通路，将供给端的产品、服务、内容，连接给需求端的消费者，使得消费者通过互联网技术可以便捷、快速地获取信息、购买商品和服务；人工智能则是在这个基础之上，通过机器学习等方法提高对海量数据的处理和分析能力，并通过数据分析处理的结果，来优化双方匹配的效率。

将这两种思维方式，按照“需求”从产生到落地这个过程的角度进行拆解，可以具体分成如图 2-1 所示的四个阶段。

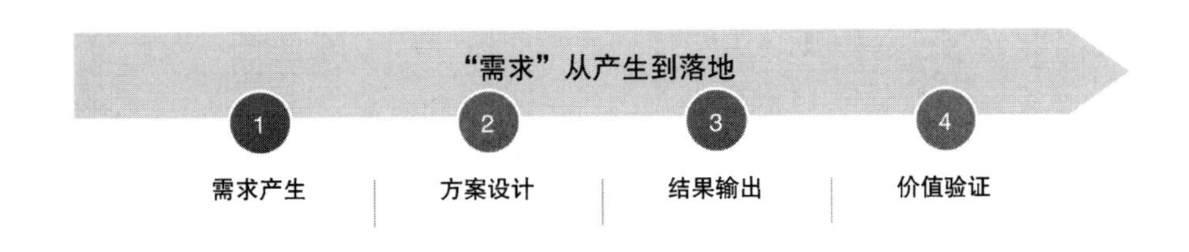

图 2-1 “需求”从产生到落地的四个阶段

2.1.1 需求产生：用户与数据相对比

从需求产生的角度来看，互联网思维是以用户为中心的，比如我们常听到的下列问题：

- 产品解决了用户哪些痛点？
- 目标用户的用户画像是什么？
- 用户在什么场景下使用产品？

这一系列围绕“用户”和“使用场景”的问题是互联网公司的工作人员每天会遇到的。“用户”既是互联网产品提供服务的对象，又是互联网公司的核心“资产”。互联网产品以用户为主导进行产品设计，通过对用户的访问或观察来得到“需求”，然后在互联网产品内外不断地验证用户的需求是否得到满足。

一般通过以下两种方式进行用户需求的收集或验证：

一种是“显式反馈”，通过有明确的反馈功能或维护自己的核心用户群来收集用户的反馈，进而推动产品“小步快跑”“快速迭代”；另一种是“隐式反馈”，通过对用户在产品中的行为轨迹进行“埋点”，用数据记录的方式在用户无感知的状态下对用户的操作进行分析，当发现用户的使用方式和产品设计的预期不一致时，对页面交互或功能进行优化。比如手机厂商“小米”在创业初期通过自建论坛为用户提供统一的反馈渠道，了解用户的使用需求和痛点，然后进行一系列的产品研发活动来满足用户的需求。

互联网产品在设计时，关注的是如何满足“用户”在某种场景下的需求，如何走通整个使用场景的流程；而人工智能思维以数据为核心和原材料，提高信息的匹配效率，降低使用、决策的成本。

比如用户要打车到某个地点，打开一个网站或者 APP，互联网产品思路是让用户发布一个行程需求，司机可以根据地理位置远近，以及是否顺路来判断是否接单；而人工智能产品思路则是通过对数据的使用，分析实时路况，优化行车路径，将最优的行驶线路提供给用户、司机选择。再比如客服系统，基于规则实现的客服系统是通过提取用户发送文本中的“关键词”，到数据库中去匹配搜索关键词对应的问题和答案。这种规则化的方式是面向任务的，如当搜索“今天去北京的火车”时，互联网产品是通过分词，提取“今天”“北京”“火车”等相关词，然后在数据库中筛选得到相关信息再呈现出来。“智能客服”则是通过自然语言处理技术，对用户输入的语句进行分词、句法分析、意图识别等，之后将知识库中沉淀的和用户提问最匹配的答案发给用户。

人工智能思维是以数据为中心，强调“数据”和“模型”闭环驱动的。

“数据”是人工智能时代最核心的资产，产品、客户、商品都用数据进行描述，把一切和产品有关的操作和对象都变成可记录的数据，之后通过数据的使用反馈到产品设计、产品开发的过程中进行优化。**“用户思维”和“数据思维”是二者的侧重点，它们不是相互割裂的。**以数据为中心也可以兼顾用户需求，比如人工智能教育通过一些算法，挖掘每一个学生的学习情况，在学生的学习过程中提供学习内容，然后根据学生的学习效果、习题完成情况，反过来继续调整推荐的学习内容和环境，如此反复，以达到自适应学习，提高学生学习的效率。

2.1.2 方案设计：单点与整体相对比

互联网思维强调敏捷开发、快速迭代，在产品方案设计上追求单点功能的极致体验。一来通过差异性，强化用户认知；二来通过单点功能验证产品的可行性，在相同时间成本下，这是最节省资源的，能够更快速地“跑出来”。当互联网产品在设计一个场景的方案时，第一个版本往往都是 MVP（Minimum Viable Product，最小化可行产品）版本，通过最简单、核心的功能验证用户的需求是否得到解决，之后再围绕核心功能衍生出其他辅助的功能。比如，当通过互联网产品解决用户“想喝一杯咖啡”的需求时，产品的形态是一个 APP 或者微信小程序，用来连接售卖咖啡的商家和购买咖啡的消费者，消费者可以在线上完成咖啡的选择和下单，之后商家完成了制作，再通过外卖配送员将制作好的咖啡送达消费者。互联网产品在不受空间和距离限制的情况下能够完成供需双方的匹配，因此，可以将很多我们熟悉的线下场景搬到线上。而围绕“售卖咖啡”这个场景的其他衍生功能，如积分、优惠券、周边产品等，是在核心功能走通之后再提高用户复购和体验的设计。

人工智能产品在方案设计上更关注整体性。

整体性要求设计方案尽量覆盖所有已知的意外场景，对于未覆盖情况要增加反馈环节，做到如果实在无法避免意外情况的发生，那么尽量只发生一次，并且能够有能力在发生意外的时候控制好，把损失降到最低。

关注整体性有以下两个主要原因：

一是因为有一定比例的人工智能产品是对原有解决方案的升级或替代，在原有的场景中通过落地人工智能算法的能力对原先的方案进行升级，以提高效率或者降低成本。作为原有解决方案的替代或升级，如果由于场景中一些特殊情况在人工智能产品方案设计时没有考虑到，会造成系统无法处置或处理错误，进而造成损失。原先的方案可能需要借助人工处理来止损，但人工智能会由于人工处理场景下的数据缺失，未沉淀出处置规则而变成“人工智障”。

比如在“仓库巡检”场景下，原先是人工巡检结合仓库中的一些传感器设备（如摄像头和烟雾报警器）来辅助责任人发现仓库的隐患和问题，现在需要让人工智能机器人来巡检仓库，那么就需要将仓库可能发生的意外情况考虑全面，如陌生人进入仓库、库存物品掉落、发生火灾等。当这些意外情况发生时，要设计如何让人工智能进行自动处置，比如告知相关负责人，或者通过人工智能巡检设备的机械臂归位掉落物品等。如果人工智能方案设计考虑不全面，那么人工智能在落地的时候就会因为造成的意外损失而受到用户的质疑。

二是人工智能产品会通过人的语言或外在环境反馈对智能体进行控制，不同于我们在手机、电脑上使用鼠标、键盘、触控板等设备，人工智能的输入控制会出现“因人而异”“因场景而异”的情况。比如人可以用不同的语言表达方式来描述同一件事，不同人的语音控制也有语音、语调、方言的差异，因此在人工智能设计的过程中，要想将不同人、不同场景下的输入和对应的语义表达相匹配，就需要在数据获取及处理环节尽可能完整覆盖场景，在极限场景下要有引导用户使用的流程来让用户能够正确地完成指令输入。比如使用常见的智能音箱时，用户通过语音输入指令，难免会有很多语气词、停顿思考的时间，这就需要在数据处理环节对非指令型内容进行合理的清洗和过滤。智能音箱的输出要包含对特殊或者无法识别等情况的处理，比如当无法捕捉或缺少用户指令信息时可以反问，当多个指令交杂在一起时也可以询问用户执行的顺序，并通过多次交互给出用户预期之内的执行结果。

2.1.3 结果输出：确定与不确定相对比

互联网是将很多传统的线下业务流程迁移到线上平台。很多传统公司的线上化是对业务进行分析，并根据该业务过程设计出合理的系统处理逻辑，从输入到输出过程的运算是设计过的、固定的、明确的。人工智能模拟人的决策，并非用流程化的方式去解决问题，而是在现有数据和场景条件下寻求最优解。数据和使用场景在不断变化，因此人工智能需要不断地去学习、迭代，根据数据和反馈不断优化。

明确人工智能运行结果输出的不确定性，可以更好地帮助我们处理特殊的情况，给用户更好的产品体验，同时也可以杜绝意外情况的发生。人工智能的不确定性有如下两种：

1. 人工智能运行结果的不确定

尤其对于深度学习，我们在输入一个样本后，在模型处理完成前，是无法准确预测模型输出的结果的。**人们对人工智能产生隐忧的原因也是源自这种“黑盒式”的运行过程，人们总会对未知的事件产生担心，甚至忧虑。**在算法设计的时候，研究人员想拟合更多的训练数据，增加模型的鲁棒性、抗干扰能力，开发人员会主动引入一些不确定性，比如 Dropout[1] 这种计算方式在模型中的使用。对于人脸识别来说，人工智能算法会对识别出来的人脸输入一个预测结果的概率值，该数值受光照、视角、遮挡等影响。当你做实时人脸检测的时候，如果改变脸的位置，机器检测结果就会受到影响，导致识别准确率上下波动，甚至当光照条件不好时，也无法准确识别。

2. 人工智能对特殊情况处理的不确定

当我们给人工智能输入的样本和训练数据相差较大时，算法有可能输出令人啼笑皆非的结果。比如用聊天机器人时，用户咨询语料中不存在问题，机器人给出的回答大概率会和用户想要问的内容不匹配。这种不确定性的本质原因是人工智能是面向任务的，如果任务在原始数据中不存在，那么当遇到特殊情况或突发情况时，则可能造成算法的失效。一个完全确定了流程的任务，并不一定适用人工智能技术来执行，更适合利用自动化相关技术将流程固化。

面对人工智能的“不确定性”，我们需要做的第一件事是对人工智能运行的过程进行记录，记录在实际的使用场景下人工智能的输入和输出，一方面是为了能够在定期维护的时候，看看是否有异常的使用场景和对这些使用场景设计的反馈，另一方面人工智能需要在反馈中不断地迭代优化，需要通过实际的运行来收集数据；第二件事是给人工智能设置明确的“停止”操作，以便当人工智能给用户的反馈不符合预期或者即将采取错误的“行动”时，能够及时停止运行，防止对环境或人产生伤害。

2.1.4 价值验证：流量与效率相对比

互联网关注的是流量，流量思维关注的是“连接”，所以对于互联网公司而言，守住用户接入互联网的入口、成为平台级的公司，是非常有价值的事。比如早年间互联网硬件厂商把核心产品放在“手机”“智能电视”“路由器”上，就是为了守住入口，做流量分发的底层。无论是搜索引擎，还是推荐系统、广告系统，提升的是信息传递的效率，传递信息就体现在流量上。

对人工智能来说，当它们服务于我们的特定场景时，它的核心是提升生产效率，需要找到在当前的业务流程中，哪部分效率可以得到提高，在哪个环节可以利用人工智能技术进行优化、节省人力。**人工智能产品追求的是“效率”**，需要产品设计者找到算法能够提高效率的场景并用人工智能的方法替代原有的流程。

人工智能关注效率提高，我们需要明确从哪些角度思考这点。“效率”从实际落地的角度可以分为“速度”“质量”“成本”三部分，人工智能在落地后在这三部分发挥了作用。

1. 速度

人工智能辅助提高完成任务的速度，比如在图像识别与图像检测的相关任务中，计算机视觉技术通过对已知标注数据进行学习和训练，识别速度更快并保持一定的准确性。脸书旗下的 FAIR AI 研究实验室和纽约大学医学院放射学系合作的“fast MRI”[2] 项目，利用人工智能将 MRI（Magnetic Resonance Imaging，磁共振成像）扫描的速度提高 10 倍，MRI 扫描与其他形式的医学成像相比，扫描出来的图像通常能显示更多与软组织相关的细节，原先未应用人工智能技术的 MRI 扫描要花费的时间从 15 分钟到一个多小时不等。使用人工智能技术后，由于需要捕获的数据更少，因此扫描速度更快，同时能够保留并增强图像的信息内容。

再比如在企业发票报销的发票录入环节中，如果录入一张发票需要一个财会人员花 5 分钟，那么这个人工作 8 小时也只能审核 100 张左右发票。然而，利用人工智能技术中的 OCR，根据发票文字进行语义识别，将发票自动分类填入系统中替代手工输入，用机器识别一张发票的时间不到 1 秒，包含完整数据处理的录入过程也缩短为 2 秒。

2. 质量

利用人工智能可以有效提高任务完成的质量，人工劳动会由于疲劳或长时间工作造成注意力不集中，进而影响完工的质量。比如对于贷款审核人员，就算有一整套风控规则，还是会存在一些由于注意力不集中导致的随机误差。

医疗数据的 90% 来自医学影像 [3]，并且我国医学影像的数据正以 30% 的年增长率逐年增长，相比之下，影像科医生的数量是不足的，这无疑将给医生的工作带来巨大的压力，同时大部分医学影像数据仍然需要人工分析，依靠经验所做的判断容易不精确，造成误诊。人工智能依靠的图像识别和深度学习技术，在对图像的检测效率和精度两个方面都可以做得比专业医生更好，还可以减少人为操作的误判率。

3. 成本

主要从“人力成本”“金钱成本”两个角度节省成本，越来越多重复性质的“苦力”工作和高风险环境下的工作会被机器取代。比如正在生产线上大力推广机器人的某家科技制造服务企业，其江苏昆山工厂就已经使用机器人替代了60 000个工人，员工人数从11万人减少到5万人，企业在节省成本的同时，也提高了产品生产的效率；第一财经的“DT稿王”系统平均每天发布1900篇公告，这是一位资深证券编辑需要100个小时才能完成的工作量。

互联网产品往往流量越集中的地方，连接的相关角色越多，价值也就越高。对于人工智能产品来说，需要看其在场景中提高了多少效率。可以从“提高速度”“提高质量”“降低成本”三个角度来界定人工智能价值落地的有效性。在3.5节中我们将进一步讨论评估人工智能有效性的具体指标和方法。

2.2 人工智能特殊的能力——机器学习

2.2.1 机器学习的原理和四个能力

机器学习、深度学习都是以统计学为核心的概率模型。

1. 机器学习的原理

机器学习是从场景中的历史数据中总结规律、建立映射关系，进而对特定问题进行预测或处理的方法。利用训练数据集对机器学习模型进行多轮次的学习训练，每轮训练都会从训练数据集中抽取一组数据输入到模型中，模型给出自己的预测结果，然后根据预测结果和对应数据的标注（人为标注的结果）之间的差异，对模型的参数进行调整，重复这个过程来提高模型的效果，直到训练完成。

这个过程可以拿我们都熟悉的“四则运算”来做对比：“四则运算”是我们每天生活中都会遇到的“常规计算”，“机器学习”可以理解为该运算的“反过程”。

常规计算的流程如图 2-2 所示，给定输入数据，进行逻辑运算，得到输出结果。因此，一个“常规计算”系统的功能是在其设计过程中决定的。比如“买螃蟹”，价格为：重量（千克）× 螃蟹每千克的价格（元）。已知输入数据是购买螃蟹的“重量”，在这里螃蟹“每千克的价格”就是一个已知的数据。

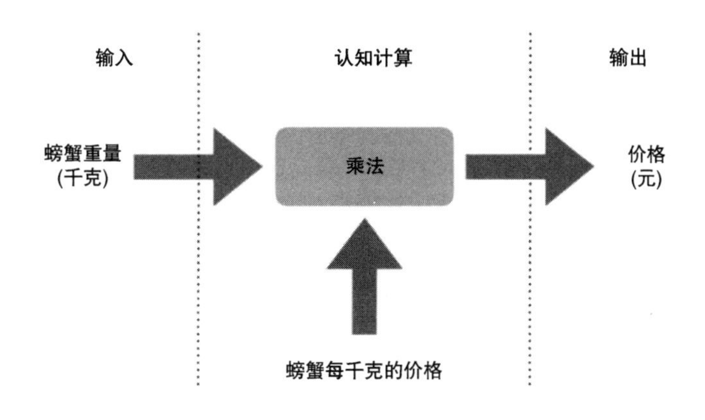

图 2-2　常规计算的流程

对于“机器学习”来说，螃蟹“每千克的价格”是一个未知数据，但我们知道一组“螃蟹重量—购买价格”的历史数据，通过这些已知的历史数据，可以反推“每千克的价格”，如图 2-3 所示。

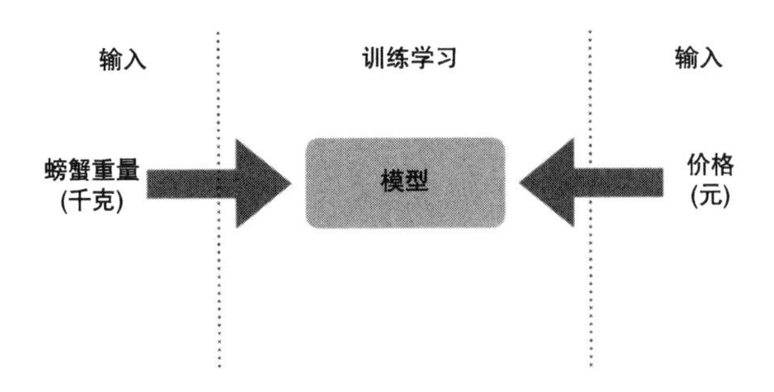

图 2-3 机器学习——通过已知数据建立模型

之后当发生新的购买行为时，输入购买螃蟹的重量就可以计算得到需要花费的价格，如图 2-4 所示。

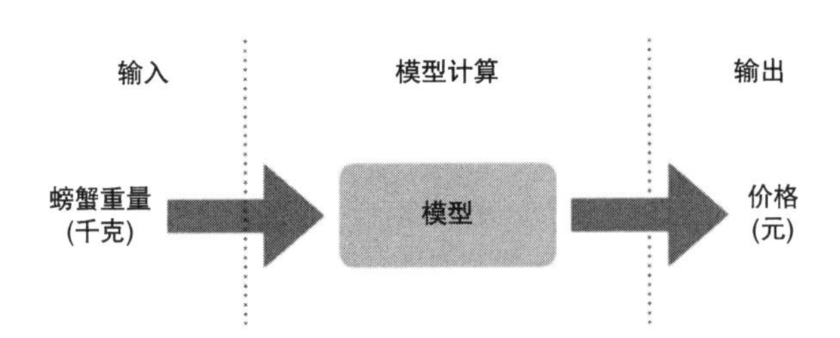

图 2-4 机器学习——通过模型计算得到结果

要真正通过“机器学习”预测螃蟹价格，输入的影响因素远远不止这些，比如每千克螃蟹的价格还会涉及螃蟹的大小、颜色、蟹肉饱满程度及市场供需情况……这些信息需要通过更多、更复杂的特征来表述，对应的模型结构也会更复杂。

需要注意的是：**不是所有的问题都能用机器学习来解决，如果面对的问题没有任何规律可循，完全是“随机事件”，那么就算使用更复杂的算法、更多的训练数据也无济于事。**

2. 机器学习的四个能力

机器学习的四个主要能力是：**分类、回归、聚类、降维**。

1）**分类**：给定一组样本数据，我们要预测它的某个属性，如果预测的属性值是“离散”的，那么这就是一个分类问题。如通过重量、围度、颜色、种植时间等数据判断一个西瓜是否成熟，这个场景下预测的属性值就是“西瓜成熟”或者“西瓜不成熟”，这个属性值不是连续变动的数值，是“离散”的。

2）**回归**：给定一组样本数据，我们要预测其某种属性的变化规律，如果这个属性值是“连续”的，这就是一个回归问题。比如通过一组房屋的价格波动数据，结合房屋类型、周边环境等因素，来预测房屋价格的走势。

3）**聚类**：给定一组样本数据，把这些样本数据进行合理分组，使得样本中的相似样本在一组，就是聚类问题。比如谷歌新闻爬虫每天会搜集大量的新闻，然后把新闻自动分成几十个不同的组，每个组内新闻都描述相似的类别内容，之后根据具体的特征为每组打标签，如科技类新闻、娱乐类新闻、体育类新闻。

4）**降维**：给定一组样本数据，如果我们既希望减少数据特征的数量，又要尽量保留更多的主要信息，就是降维问题，它的主要作用是通过减少特征数量来提升算法的计算效率。比如评价学生的学习成绩有很多指标：各个阶段的考试成绩、名次、就读的学校等，把这些指标用“学历”来替代，表示一个人过往的学习能力。

接下来我们探讨机器如何模拟人脑训练构建四个能力。

2.2.2 机器模拟人脑学习的五种方式

通俗地说，人工智能的学习（训练）就是实现得到人们需要的输入和输出之间的映射关系这个目标，要想达成这个目标，我们需要教给机器一套拟合数据的方法。

在训练过程中，向人工智能模型展示了一个又一个例子，模型在每次训练时都反复优化，对训练数据进行拟合，在每一次错误之后通过“反向传播”进行自我纠正。模型看到的例子越多，覆盖应用场景的情况越多，它的能力就越强。训练好之后，模型可以部署到提供服务的系统，为用户提供服务，还可以根据实际使用情况进行优化或再训练。

根据训练方式的不同，目前机器学习主要有五种学习方式来模拟人脑。

1. 监督式学习

监督式学习适用于那些训练数据的输入、输出都已经标注好的场景，如图 2-5 所示。比如我们要做一个用于安防的监控摄像头，通过摄像头拍摄的图像来识别来访人是不是家庭成员。

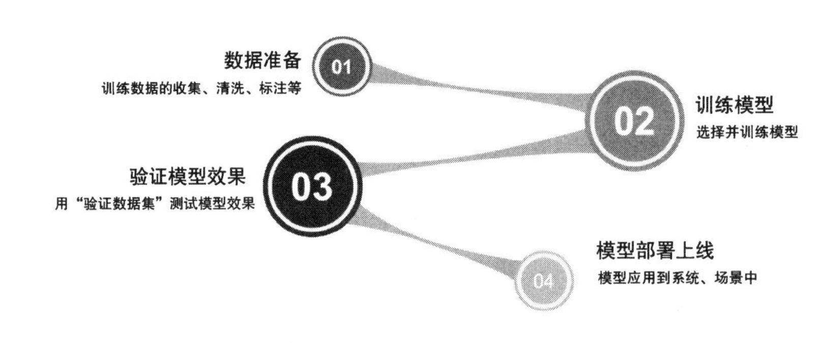

图 2-5　监督式学习的过程

第一步，数据准备。

首先，要搜集足够多的“家庭成员”的照片，比如父母和孩子的照片，由于摄像头采集的图像可能是全身照，可能是半身照，还可能是侧身照，所以需要采集一系列的全身、半身、正面、侧面照片，并把这些照片都标注为“家庭成员”。其次，要准备更多“非家庭成员”的照片。由于机器只能识别二进制的字符，因此我们可以进行转换，将“家庭成员”标注为 1，将“非家庭成员”标注为 0，这样操作是为了方便机器进行计算。模型最终输出的是在 0 到 1 之间的概率，用来描述给出一张照片后，这张照片属于“家庭成员”的概率。这些标注好的图像数据就用作训练数据集。最后，需要按照同样的原则准备一些图像数据作为“验证数据集”，用于验证模型训练的效果，看看训练好的模型是否能够区分来访人是否为家庭成员。“验证数据集”的图片一定不能和“训练数据集”的图片重复，以防止出现“过拟合”现象。

第二步，训练模型。

对神经网络模型进行训练，训练数据集中的每一幅图像都会作为神经网络的输入，经过神经网络中每层的神经元运算来提取特征，当神经网络完成一张图片的所有计算时，输出结果是 0 到 1 之间的一个概率值，如果输入结果和标注数据不一致，则会通过“反向传播”算法来调整模型中各层网络的模型参数。

第三步，验证模型效果。

用“验证数据集”验证训练得到的模型的准确率。数据验证的指标达到预期设定的指标后，模型就训练好了。

第四步，模型部署上线。

将该模型封装为接口，集成到软件中。当有人来敲门时，通过摄像头自动把图像传给后台分析软件，软件自动调用模型接口完成计算，判断来访人是否为“家庭成员”。

2.2.1 小节提到的机器学习的四个能力中的“分类”和“回归”，就是通过此种方式训练获得能力的。

2. 无监督式学习

无监督式学习的数据是无标注的，目标是通过算法来挖掘隐藏在数据中的某种关系或者特性。在没有标签的数据里可以发现潜在的数据关联，比如在电商网站中，通过商品的购买信息和时间关系来发现不同商品的用户购买意愿的关联，这样在新用户购买某商品时，可以给他推荐一些历史用户经常搭配购买的商品，在方便用户进行选择的同时提高销售额。

此种学习方式还能对用户的非常规行为进行发掘。比如爱薅羊毛的用户或者机器人用户，这些“用户”往往会给很多互联网平台造成经济损失，这些“用户”的行为跟普通用户的行为是不一样的。直接通过人工去分析判别，维护成本高并且不容易在第一时间发现违规操作，进而造成平台损失。利用无监督式学习算法，可以通过用户行为的特征自动将用户划分为几个类别，之后再通过人工从不同类别用户中进行抽样分析，这样可以更容易找到那些行为异常的用户类别。虽然刚开始我们可能并不知道无监督式学习算法生成的分类结果意味着什么，但通过这种方式可以快速地排查正常用户，更好地聚焦和发现异常行为，如图 2-6 所示。

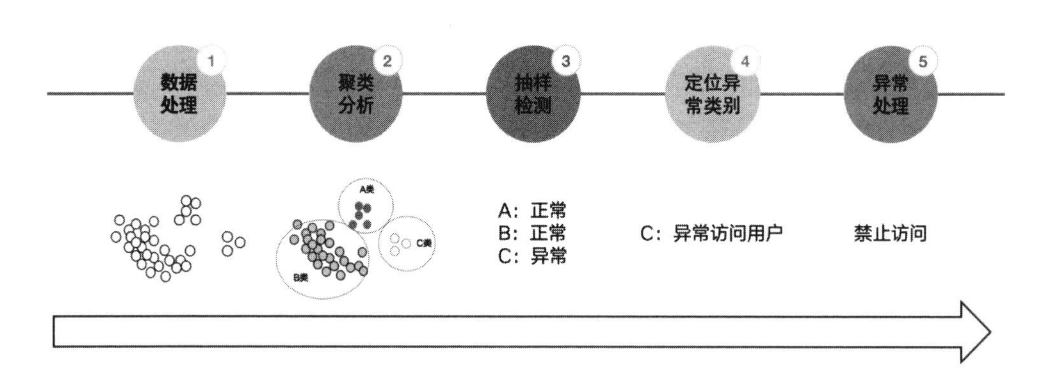

图 2-6 无监督式学习发现行为异常的用户

2.2.1 小节提到的机器学习的四个能力中的“聚类”，就是通过此种方式训练获得能力的。

3. 半监督式学习

半监督式学习适用于当训练数据中，一部分数据是标记过的而其他数据没有标签的情况。半监督式学习仍然属于监督式学习，不过对于训练数据的样本进行了半自动化处理，对于未标注的数据，不需要人工进行标注，使得人工标注的成本显著降低。它的学习过程是先用有标签的样本数据集训练出一个模型，然后用这个模型对未标记的样本进行预测标注，将其中确定性较高的样本二次打标签再拓展到训练数据集中，对模型进行训练，反复几次这样的操作，最终将所有数据标注处理完成，并用均已标注好的数据得到训练模型。

比如垃圾信息的过滤需要大量的语料标注，告知系统哪些是垃圾信息。用户每天会产生大量新的数据，垃圾信息的发布者也会动态调整发布策略，因此对用户生成的信息进行人工监控并标注出哪些属于“垃圾信息”、哪些属于“正常信息”，耗时费力。采用半监督式学习的方法，根据垃圾信息发布者的行为、发布内容等找到相似性，过滤垃圾信息。这种学习方式类似于人们小时候认识世界的过程。家长告诉你在天上飞的是鸟、在水里游的是鱼……但家长不能带你见世界上所有的生物，下次见到天上飞的动物时，你会猜这是一只鸟，虽然你可能并不知道它的名字。

4. 强化学习

强化学习的逻辑更像人脑，主要应用在利用人工智能进行决策，比如玩游戏如何拿高分、完成特定任务的机器人、推荐系统等。强化学习是从没有训练数据开始的，这意味着需要通过人工定义“奖励规则”和不断“迭代试错”来执行学习任务，它的目标是最大化长期获得的奖励。因此学习过程是动态的，通过人工智能和环境的交互得到反馈，即通过在定义的“奖励规则”下人工智能所获的分数来区分人工智能是否越来越接近场景下的任务目标。这种需要通过“奖惩”结果来学习的方式，类似于我们熟悉的“宠物驯养”方式，如图 2-7 所示。

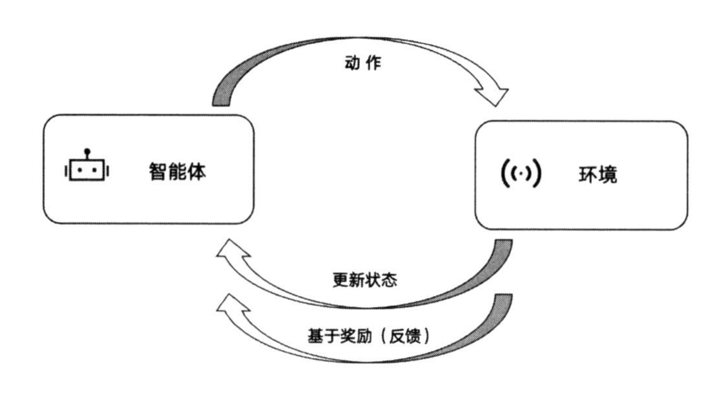

图 2-7　强化学习过程简图

比如常见的猜价格游戏，让你猜一个东西值多少钱，别人告诉你猜的价格是高了还是低了；再比如需要强化训练一个可以自动摘取苹果的机器人，每当它摘下一个新鲜漂亮的好苹果后，就会收到来自系统的奖励，反之要是摘下了生苹果或者烂苹果，就没有奖励甚至会被扣分。为了得到更多的回报，机器人就更愿意选择好苹果来摘，而放弃无法带来回报甚至会被扣分的苹果。

5. 迁移学习

这是指将从原领域学习到的模型应用到不同但相关的目标领域的学习方法，通俗来说就是“举一反三”。当机器接触全新的领域时，难以获取大量数据来构建模型，可以将一个训练好的模型应用于训练任务，再通过少量数据训练将模型应用于新领域。

比如我们在学会拉小提琴的情况下，去学习弹吉他会感到更简单，乐理、音阶等相关知识无须重复学习，可以节省很多学习时间。迁移学习也可以用于推荐系统，在某个领域做好一个推荐系统，然后应用在新的垂直领域。算法研究院经常使用这种方法作为新场景中模型训练的初始模型[4]，再利用在相似任务中模型已经学习到的特征来减少模型训练的时间，同时获得更高的准确率，比如使用在通用图像识别任务中训练得到的模型，来训练识别具体类别下的动物类别。

总结对比一下上述五种学习方式的优点和缺点，如表 2-1 所示。

表 2-1　机器学习五种学习方式的优点和缺点

方　式	优　点	缺　点	举　例
监督式学习	1）容易理解：学习过程接近人的思维 2）可解释性强：便于调整和优化模型 3）应用范围广：只要待解决任务中有一定量的标注数据，就能通过适用的算法快速落地	1）对异常样本敏感，模型效果容易被训练数据中的异常数据影响 2）样本不平衡问题会影响训练效果 3）局限性强：训练好的模型只能解决特定场景的任务，当数据采集的环境变化或者应用于不同的场景时，需要重新训练	图像分类
无监督式学习	1）无须数据标注，能够快速应用落地 2）对数据量要求小，可兼容小数据集的训练学习	1）算法应用偏实验性，无法提前知道结果是什么 2）几乎无法衡量算法效果，优化算法难度高 3）结果不易解释	识别爱薅羊毛的用户
半监督式学习	1）相比于监督式学习，节约人力成本，提高投入产出比 2）相比于无监督式学习，可以得到更高精度的模型 3）半监督式学习更像人的学习方式	1）对数据质量要求高：数据集中的无标签数据与有标签数据可能来自分布不同的场景，进而引入噪声 2）实时处理大规模数据的能力差，需反复训练	遥感图像分类、语音识别
强化学习	1）通用性强，可以完成很多有困难的任务 2）不受训练数据的影响和制约，避免了人工定义特征带来的不准确性	1）需要从零开始学习 2）需要预先定义环境和奖励规则，同时奖励规则设置不合理容易陷入“局部最优” 3）不具备记忆功能：只能根据及时反馈指令进行动作	如下围棋的 AlphaGo
迁移学习	1）可以提高目标领域学习的速度和性能 2）节省计算资源 3）减少训练数据需求，在大多数情况下不需要大量数据就能使性能更好	1）可解释性差，很难被量化和理解 2）迁移学习有上限，不是适合所有问题的解决方案 3）训练难度大，模型参数不易收敛	跨语言知识迁移

2.2.3　模拟人脑的神经网络模型

“如果组成机器大脑的基本元素也可以像神经元一样工作，那岂不是可以创造一个不需要休息的机器大脑？”学者在对人脑神经网络的模拟下，建立了基于计算机统计学的机器神经网络模型。

人类大脑中的神经元是构成神经系统的基本单位，每个神经元有多个树突和一个轴突，可以将神经递质（化学物质）从一个神经元传送到另一个神经元或者其他组织。仿照这种方式，学者构建了机器神经元，机器神经元内传递的是数值，可以将数值的大小理解为人体神经递质传递信号的强弱，多个机器神经元相互连接就组成了神经网络模型。每个机器神经元都接收前一层网络传递来的信息，处理后，再传递给下一层。如图 2-8 所示，机器神经网络的构成可以分为以下几层：

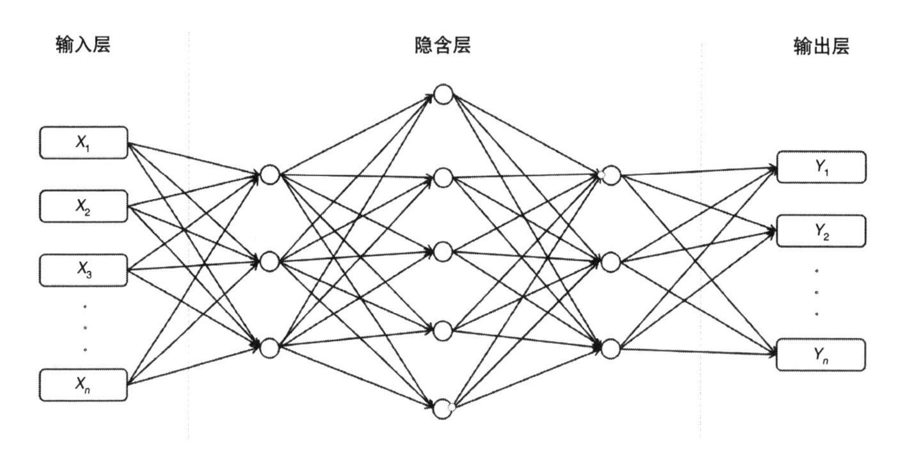

图 2-8　神经网络模型结构图

1）输入层：数据输入层。

2）隐含层：除输入层和输出层外，其他的都是隐含层，数据从输入层到输出层需要经由一个或多个隐含层进行数据处理和计算。隐含层可有多层，当隐含层含有多层网络时，就被称为“深度神经网络”。

3）输出层：输出层的后面不再接其他神经元，而是作为整个网络模型的输出结果。输出结果交由人工智能系统的其他模块进行使用。

机器神经网络从构建模型到落地使用需要经过学习（训练）的过程：

由于每个机器神经元其实都是一个包含了计算参数的计算单元，例如最简单的“$y = k \times x + b$”，其中 k、b 是要学习的参数。搭建网络模型时，所有神经元的参数都是随机初始化或者按照一定规则初始化的，而学习的目标就是调整网络中所有计算单元的参数，使得这些参数能够在特定输入下，产生我们想要的输出结果（数据标注）。比如我们想让机器像人一样区分“猫”“狗”，就需要给机器“看”（输入）大量图片，并且需要告诉它（数据标注）哪个是“猫”，哪个是“狗”，让机器从数据中学习关于“猫”“狗”的特征。计算机看到的图像由二进制字符组成，模型学习的目标就是使得网络模型中的机器神经元能够对属于“猫”“狗”的特征产生“反应”的能力。比如对于“猫耳朵”这个特征，当在数据中发现类似“猫耳朵”的局部图像信息后，需要通过多层计算让网络输出“猫”的概率提高，这个识别过程与人眼识别的过程类似，我们都是通过局部信息来确定物体类别。神经网络模型训练的能够提取局部特征的计算单元就叫作“特征识别器”。

如果输入一组数据，那么神经网络模型学习的就是数据之中的关联信息，当然，所有输入到网络中的数据均需要处理成计算机能够处理的形式，这些数据经过标准化、归一化等数据预处理步骤后，输入到网络中进行计算。比如计算机无法处理“春夏秋冬”，也无法明白词语的意义，但可以通过数字来对季节含义做出区分，比如“0”“1”“2”“3”分别代表“春”“夏”“秋”“冬”，经过这样的预处理，计算机才能进行计算。赋予数字对应的实际含义是人类负责的工作。

至此我们可以从神经网络的学习原理上看出来，有什么样的“数据”和对数据的“标注信息”，就能够学习到什么样的输出。如果换到其他场景中，或者需要识别的内容发生了改变，又或者输入的信息有变化（比如训练中图像数据是“0”或“1”的黑白图像，而实际使用却用了非二值化的 RGB 图像），都无法产生正确的输出，需要重新训练模型参数才能够应用。

火热的深度学习

深度学习是一种特定类型的机器学习模型，在图像、视频、语音等领域的分类和识别上取得了非常好的成果。相比于原先的算法模型，深度学习在这些领域中应用的准确率提高了 30%~50%，这样在很多场景（如“图像识别”）中，人工智能都能够达到比拟人的效果。

深度学习使用了模块化思想，模型中每一层都是一个“组件”，可以由其他层灵活调用，就像我们玩积木一样，把“组件”堆叠在一起来完成任务。

模块化思想的优点如下：

1）节省训练时间：每层分别训练的效率要比整体训练的效率高。

2）灵活性强：训练好的模块或者神经网络层，可以供多个层调用，灵活修改网络结构。

例如要识别猫毛长度和颜色，先将要识别的目标简单分为四个类别：长毛多色猫、长毛单色猫、短毛多色猫、短毛单色猫。

如果按非模块化思想，技术实现的思路是训练四个分类器，各自去识别特定类别的猫，如图 2-9 所示。

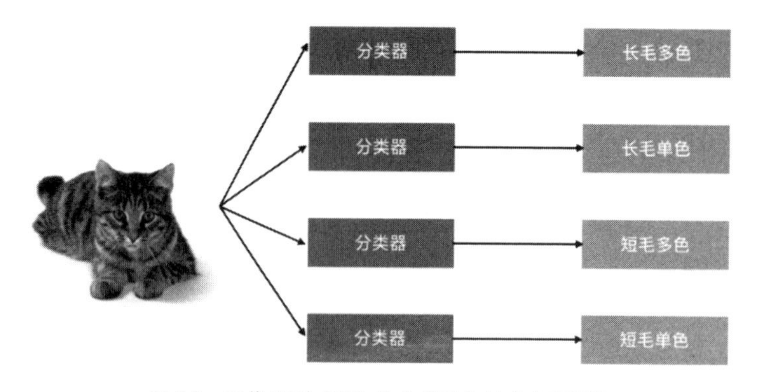

图 2-9　图像识别“猫”的非模块化技术实现思路

如果按模块化思想，则只训练两个基础的分类器，一个识别长毛或短毛，另一个识别单色或多色，然后将两个模块的输出作为下一层分类器的输入来识别猫的类别，如图 2-10 所示。

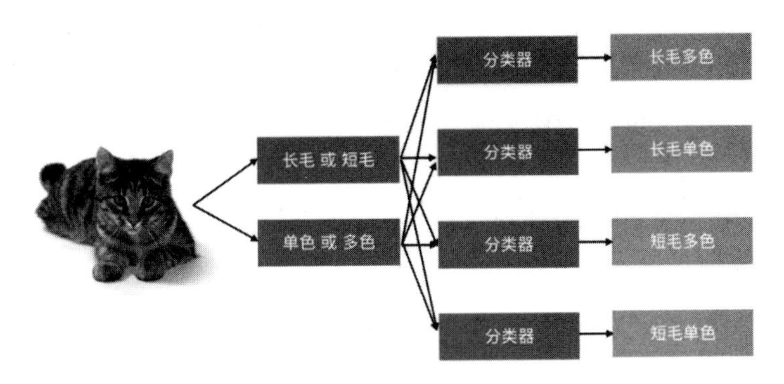

图 2-10　图像识别“猫”的模块化技术实现思路

这样的设计思路既包含了上面提到的优点，又能够减少训练数据集中由数据分布不均衡问题带来的对模型效果的影响。

深度学习最主要的两种应用网络模型是“卷积神经网络（Convolutional Neural Network，CNN）”和“循环神经网络（Recurrent Neural Network，RNN）”，它们分别应用的领域如下：

1）卷积神经网络：图像分类、目标检测、人脸识别、行人检测、自动驾驶等图像相关领域。

2）循环神经网络：智能客服、语音识别、机器翻译、图像生成描述、聊天机器人等自然语言相关领域。

2.2.4　机器与人的差距

人和机器的“认知方式”的不同，是导致人类难以理解人工智能运行规则的原因。人类的交流和沟通往往结合了抽象的知识或常识，而机器只能识别数字形态的非抽象元素，比如像素点的数值或者字符。

机器是重复执行指令的，不善于解决需要“思考”的智能问题，因为二进制的底层编码模式决定了机器无法模拟人脑的思维模式。

既然机器的智能程度和抽象出知识和概念的程度没人类强，那为什么机器在很多场景中解决问题的能力比人脑要强？

这是由于人类处理数据的能力有限，数据量和数据特征的增多，加剧了人为处理数据的难度，我们更擅长理解数字和特征背后所包含的含义，而不擅长在同一时刻进行大量的数字运算；与之相反，机器的计算能力强，可以同时对大量数据进行分析和处理，找到其中隐含的计算规则，善于按照既定的算法进行重复计算，而不需要去理解数据之中的含义。人工智能被广泛应用的算法都是通过大量的计算处理（如矩阵运算），来学习某种计算规则，通过训练使得当相似的数据被输入时，能够得到和原数据类似的标注结果，进而实现“预测”或者“识别”。但并非说明人工智能像人一样理解了数字的具体含义，以及理解了一张图片是不是表示“猫”。

在对图像做识别时，机器识别的是图像背后的数字编码，对这些数字进行运算，之后将图像识别模型的处理结果和人为定义的分类类别相对应，来找到具体图片表达的含义。计算机压根不知道“猫”“狗”等不同类别的具体含义，模型运算结果表示了要识别的图像最大概率对应哪个分类类别。识别一张照片里面的动物是不是斑马，人类会根据动物的身体形态，以及是否包含黑白条纹等抽象特征进行判断；而机器会对照片中的每个像素进行处理计算，抽象出来每个具体特征的权重，作为识别的依据。人类识别图像时，不会说出图像中包含的第几个像素的数值是多少，也不会说出人工智能所关注的图像纹理这些细节信息。

机器这种通过数据认知世界的模式，存在以下三点局限：

1. 场景局限性强、迁移难

机器学习的背后是一整套算法的支持，而算法的优化依赖大量的数据进行多轮迭代训练，直到得到满意的模型。在训练的过程中，根据模型训练的表现，我们可能需要对原始数据的处理方式进行调整，也可能需要对多网络模型或者训练参数进行调整。无论是数据处理还是模型调整都受场景影响，原因之一是场景任务的目标，之二是场景中用于训练算法的数据。不同场景下数据的采集又受环境因素的影响，算法在不同数据集基础上学习到的规律是不同的，因此算法受场景的制约，这也就是我们常说的“换个地方就不灵了”。

2. 局限在数据所包含的情况中

举个简单的例子，一个人连续 10 天吃午饭都点了同一家店的同一道菜，如果将这些购买行为数据交给机器学习的算法来处理，当他第 11 天继续在这家商店购买午饭的时候，机器依据这个人的历史购买行为来推荐，会继续推荐相同的菜。但如果这个人在第 11 天想换个口味，机器不会推荐其他菜，因为学习到的认知没有满足“换个口味”的需求。

3. 输出结果需要人为解释其含义

机器的输出结果可能是一串数字，从数字表示的结果到人为认知的概念、常识，需要人来解读。比如在图像识别“猫”“狗”“鼠”“马”的任务中，对图像的标注如下：

猫：[1，0，0，0]

狗：[0，1，0，0]

鼠：[0，0，1，0]

马：[0，0，0，1]

而模型对于图像的测试输出实际很可能是：

[0.8734，0.1256，0.3523，0.2588]

机器输出的这些数字表示了什么？按照对应类别维度解读，图片在各个分类类别上由概率表示对应的动物类别，那么其中数值最大的概率值（0.8734）就代表机器识别出并表达的动物，也就是“猫”。

在实际应用中，有很多种方法来减少这些局限造成的影响，我们将在后续章节中讨论方法和策略。

2.3 人工智能系统的结构

一个人工智能系统包含哪些组成部分？

像大众熟知的手机、笔记本电脑一样，当我们使用各式各样的应用程序时，背后有一整套软硬件系统的支撑。比如，手机的CPU（中央处理器）、内存、触摸屏等硬件设备构成了设备的底层，操作系统等构成了系统的中层，以支撑构成系统顶层的应用程序为我们提供服务。

人工智能的底层则是“硬件层”，由硬件计算资源支撑算法模型的训练和服务；中层为由数据及算法构成的“技术层”，通过不同类型的算法建立模型，从数据中训练形成有效的可供应用的技术；顶层为“应用层”，利用中层输出的技术为用户提供智能化的服务和产品，并将服务和运行数据反馈给中层的算法模型以便优化，如图2-11所示。

下面我们将从底层往上到顶层依次介绍，梳理出一个完整的人工智能系统的构成。

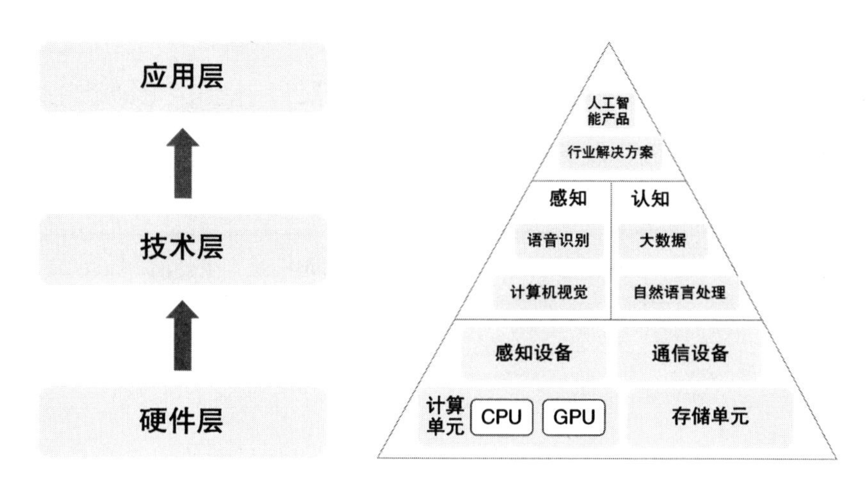

图 2-11　人工智能系统的结构

2.3.1　底层：硬件层

硬件层主要包含计算单元，同时还需要存储单元、感知设备、通信设备等。

1. 计算单元

计算单元常见的是 CPU 和 GPU（图形处理器），芯片是集成电路的载体，按照功能分类，有负责实现特定功能的（如音频、视频处理），还有负责执行复杂计算的，不同的场景对芯片的要求也是不一样的。

CPU 的特点是通用性强，适合偏认知功能的应用，擅长对逻辑执行进行控制，但在大规模的并行计算上，CPU 的能力受限。这是因为 CPU 架构中需要放置很多存储单元和控制单元，计算资源只占了 CPU 很小的一部分；GPU 则与此相反，更加擅长大规模的并行计算，适合偏感知功能的应用，它的设计逻辑是基于大吞吐量和高并发的计算场景，但 GPU 无法单独工作，需要 CPU 进行控制调度才能正常工作。

二者的差别，下面以一个解数学题的例子来说明：

CPU像一个大学生，GPU好比100个小学生，如果让这些学生去解一道高等数学的证明题，100个小学生可能还没读懂题目，大学生就已经解完题了，CPU就适合应用在这种“强逻辑”执行的场景中；而如果让这些学生对比去解100道四则运算题，100个小学生一人负责一道题，那么100个小学生并行求解要快于大学生一道题一道题地求解，这种需要“高并发”的计算任务就是GPU适用的计算场景。

CPU和GPU都是当前较为通用的芯片，随着人工智能行业的快速发展，人们对于芯片的个性化要求也越来越高，传统的数据处理技术难以满足更高强度并行数据的处理需求，因此继CPU和GPU之后，相继出现了半定制化芯片（Field Programmable Gate Array，FPGA）、全定制化芯片（Application Specific Integrated Circuit，ASIC）、类脑芯片等专门针对人工智能的芯片。

半定制化芯片是用硬件实现软件算法，根据所需要的功能和处理流程对电路进行快速烧录，适用于多指令、单数据流的分析。对于大量的矩阵运算的计算，GPU的效果远好于FPGA；对于处理小计算量、大批次的实际计算场景，FPGA性能优于GPU。

全定制化芯片是指应特定客户、场景要求和特定电子系统的需要而设计的人工智能芯片，它在功耗、可靠性、体积方面都有优势，尤其适用在高性能、低功耗的移动设备端。ASIC全定制化，是因为算法设计得越复杂，越需要一套专用的芯片架构与其对应。

类脑芯片架构是一款模拟人脑的神经网络模型的新型芯片编程架构，这一系统可以模拟人脑的感知、行为和思维方式。类脑芯片架构就是模拟人脑的神经突触传递结构，众多的处理器类似于神经元，通信系统类似于神经纤维，每个神经元的计算都是在本地进行的，从整体上看神经元分布式进行工作，每个神经元只负责一部分计算。在处理海量数据时，这种架构优势明显，并且功耗比传统芯片更低。目前，类脑芯片还没有统一的技术方案，有通过异步纯数字实现的，有通过数模混合实现的。2019 年 8 月，清华大学类脑计算研究中心施路平团队研发的“天机芯”（Tianjic）[5] 就是类脑芯片的例子，将天机芯应用在自行车上，实现了自行车的自平衡、目标探测、避障、语音控制等功能。

2. 存储单元

随着数字化进程的发展，实体、关系、时间都被存储下来，成为人工智能学习和应用的基础。在人工智能时代，大部分数据都存在“云端”，而移动设备和嵌入式设备对存储的要求越来越高，很多设备由于自学习能力的要求，需要使用实时感知和采集的数据，外加由于一些数据的隐私和敏感性，也需要存储在设备上，因此独立的存储单元是构成人工智能系统的一个主要单元。随着人们对数据私密和数据所有权的重视，越来越多的人工智能产品将具备独立的存储单元，而不是向“云端”上报数据，人工智能训练也会在设备上进行。

3. 感知设备（传感单元）

人对外界的感知，70% 是通过视觉，20% 左右是通过听觉，10% 左右是通过味觉、触觉、嗅觉等。对人工智能来说，外界的交互信号需要被传感器数字化之后才能够理解，进而纳入计算过程中。传感单元相当于人工智能的“眼睛”和“耳朵”，接收物体和环境的“图像”“声音”，将温度、湿度、光线、电压、电流等信息转换成计算机可用的输出信号。传感器一般由敏感元件、转换元件和测量电路三部分组成，按照被测物理量，可以划分为：温度传感器、湿度传感器、流量传感器、液位传感器、力传感器、加速度传感器、扭矩传感器等。

4. 通信设备

通信可以粗略划分为两种：一种是端对端的连接，即设备和设备之间的通信，比如 AirDrop 功能可以在两部 iPhone 手机之间传输照片，再比如未来道路上行驶的汽车，如果能够相互连接通信，感知其他汽车的行驶状态，可以更好地避免交通事故的发生；另一种是端对云端连接，大部分人工智能产品是通过云端向各个设备提供服务，因为大部分个人设备的计算能力不足以支撑大规模计算，云端的运算能力和交换能力更强，同时云端也可以更好地收集和共享数据，保持人工智能模型的更新和优化。

人工智能系统底层的这四个模块是人工智能运行的前提，也决定了人工智能能够“跑多快”和人工智能的服务稳定程度。相较于“高大上”的算法，底层硬件的发展是支撑人工智能的核心。

2.3.2 中层：技术层

技术层通过不同类型的算法，如神经网络、知识图谱、机器学习等建立可以在具体场景中使用的模型，形成有效的可供使用的技术应用。技术层对应用层的产品的智能化程度起决定性作用，主要依托计算平台和数据进行人工智能模型的建模和训练。

这一层可以划分为“智能感知”和“智能认知”。与“语音识别”和“计算机视觉”相关的技术多为感知类技术，大数据、自然语言处理多为认知类的技术。“智能感知”是机器模拟“看”“听”“摸”等感受外界环境和输入的过程，通过底层传感器或屏幕、输入框等交互输入设备来获取信息，这些信息用来对模型进行训练或发起预测服务，主要依托图像识别、语音识别等技术；“智能认知”阶段是模拟人类“思考”的过程，对已经获取的数据进行理解，应用深度学习、机器学习等技术分析数据。两者结合，才能在面向用户的应用层演变出各式各样的人工智能产品和应用。

下面将介绍主要的方向和技术，由于机器学习在 2.2 节中已经介绍过，大数据相关知识在很多专著中也详细介绍过，此处就不再赘述。对这些技术的介绍可以让大家知道各式各样的人工智能应用是从哪来的。

1. 语音

主要的语音技术为语音识别、语音合成和声纹识别，如表 2-2 所示。

表 2-2 语音技术分类

类 别	说 明
语音识别	让机器通过识别和理解过程把语音信号转变为相应的文本或命令
语音合成	将任意文字信息转化为标准流畅的语音，也可以把自己的语音转换成其他人的语音
声纹识别	一项提取说话人声音特征和说话内容信息再自动核验说话人身份的技术

2. 计算机视觉

计算机视觉技术类别可以主要划分为图像分类、目标检测、目标跟踪、语义分割和实例分割，如表 2-3 所示。

表 2-3 计算机视觉技术分类

类 别	说 明
图像分类	输入一张图像，判断图像内物体所属的类别
目标检测	输入一张图像，框选图片中出现的物体并表明其所属类别
目标跟踪	在连续的视频帧中定位某一物体
语义分割	输入一张图像，按照类别的异同，将图像分为多个块，做图像像素级别的分类
实例分割	输入一张图像，在目标检测的基础上，再分割出物体的边缘区域，让目标和其他物体、背景分割开

3. 自然语言处理

主要的自然语言处理技术类别是词法分析、句法分析、语音分析、语义分析和语用分析，如表 2-4 所示。

表 2-4 自然语言处理技术分类

类 别	说 明
词法分析	输入一个句子，从句子中分出单词，然后找到各个词素，并且确定词义
句法分析	输入一个句子，对句子结构进行分析，从而找出词、短语等的相互关系以及各自在句中的作用
语音分析	根据音位规则，从语音流中区分出一个个独立的音素，再根据音位形态规则找出音节及其对应的词素或词
语义分析	分析段落、句子、词所代表的含义
语用分析	研究语言、句子所存在的外界环境对语言使用者所产生的影响

2.3.3 顶层：应用层

应用层利用中层的技术为用户提供智能化的服务和产品。人工智能需要人们真切地摸得着、看得见、用起来，才能真正改变世界，不能只停留在技术阶段。随着人工智能在语音、计算机视觉等实现技术性突破，人工智能技术将加速应用到各个产业。

应用层按照对象不同，可分为“消费级终端应用”（To C）以及“行业场景应用”（To B）。

1. 消费级终端应用

消费级终端应用包括智能机器人、智能无人机及智能硬件等，这些产品大多数是以硬件形式呈现给消费者，让大众对人工智能产品形成最直观的认知。比如我们熟知的通过语音来点播歌曲、查询问题、搜索资料的智能音箱，再比如可以自动测量空间进行路径规划来帮助我们清理垃圾的扫地机器人。消费级终端应用也有纯软件的产品，这类产品是解决我们生活中遇到的问题的完整解决方案，如智能驾驶、虚拟聊天助手等。

2. 行业场景应用

行业场景应用主要将人工智能技术应用于各行各业来提高某项具体任务的效

率，赋能业务以实现降本增效，提升用户体验，如表 2-5 所示。比如用人工智能医疗图像检测辅助医生为患者诊断病情，再比如用机器学习从用户浏览行为中发现用户喜好，为用户推荐个性化的新闻、商品等。

表 2-5 人工智能技术的行业场景应用

主要技术	说 明
语音技术	语音评测、电话外呼、医疗领域听写、语音书写、电脑系统声控、电话客服、录音文件识别、语音合成声音定制、语音垃圾识别
计算机视觉技术	特定类别物体识别（如动物识别、果蔬识别、人脸识别）、虹膜识别、指纹识别、情绪识别、表情识别、行为识别、眼球追踪、空间识别、三维扫描、三维重建、相同（相似）图片搜索、车辆检测、车牌号识别、色情图片识别、广告监测、暴恐识别、图像去雾、黑白图像上色、图像修复、图像清晰度增强、卡证票据文字识别、手写数字识别、五官定位、手势识别、多人脸检测、人脸试妆、人脸融合、活体检测、视频内容分析、视频封面选取
自然语言处理技术	自然语言交互、自然语言理解、语义理解、机器翻译、文本挖掘、信息提取、文本纠错、情感倾向分析、对话情绪识别、文章标签分类、新闻摘要提取、自动问答、文本摘要生成、信息检索、信息抽取

在每个具体的落地场景下，单一场景中有很多产品功能要同时使用多种人工智能技术。在落地过程中，除了人工智能相关技术以外，还需要其他成熟技术的组合，来为人工智能落地提供土壤，如手机 APP、显示屏、耳机……这些硬件或软件技术是架在人工智能技术和用户之间的桥梁。如何为人工智能寻找合适的落地场景决定了人工智能产品的形态，这也是后续章节中将重点讨论的内容。

本章结语

互联网是“连接产生数据”，人工智能则是“数据产生智能”。在“需求”从产生到落地的四个阶段中，人工智能和互联网各有侧重，本章通过这两种思维方式的对比，让你用更熟悉的“互联网思维”来认识“人工智能思维”，它是一种基于假设实验并通过数据驱动决策、演化的思维方式。认识了这种思维方式，既可以帮助你更好地理解人工智能不同算法的逻辑，又能让你将这种思维方式用于其他领域来解决问题。之后本章通过介绍机器学习的五种学习方式和人工智能系统的结构，让你了解机器是如何学习的以及常见人工智能产品的架构。

第 3 章将介绍目前人工智能落地的“四大领域”和“五个步骤”来展开说明实施方法。第 3 章也会介绍评估人工智能落地有效性的指标和方法，助你掌握从“目标”到“实施”、从“实施”到“评估”的全过程。

参考文献

[1] PARK S，KWAK N . Analysis on the dropout effect in convolutional neural networks[C]. Heidelberg：Springer，2016.

[2] PRUESSMANN K P，WEIGER M，SCHEIDEGGER M B，et al.SENSE: sensitivity encoding for fast MRI [J]. Magnetic Resonance in Medicine，1999，42：952-962.

[3] 宋彬，黄子星 . 人工智能在影像学的发展、现状及展望 [J]. 中国普外基础与临床杂志，2018(005)：523-527.

[4] YOSINSKI J，CLUNE J，BENGIO Y，et al. How transferable are features in deep neural networks?[C].Montreal：MIT Press，2014.

[5] DENG L，WANG G，LI G，et al. Tianjic: a unified and scalable chip bridging spike-based and continuous neural computation[J]. IEEE journal of solid-state circuits，2020，55(8)：2228-2246.

第3章 人工智能落地

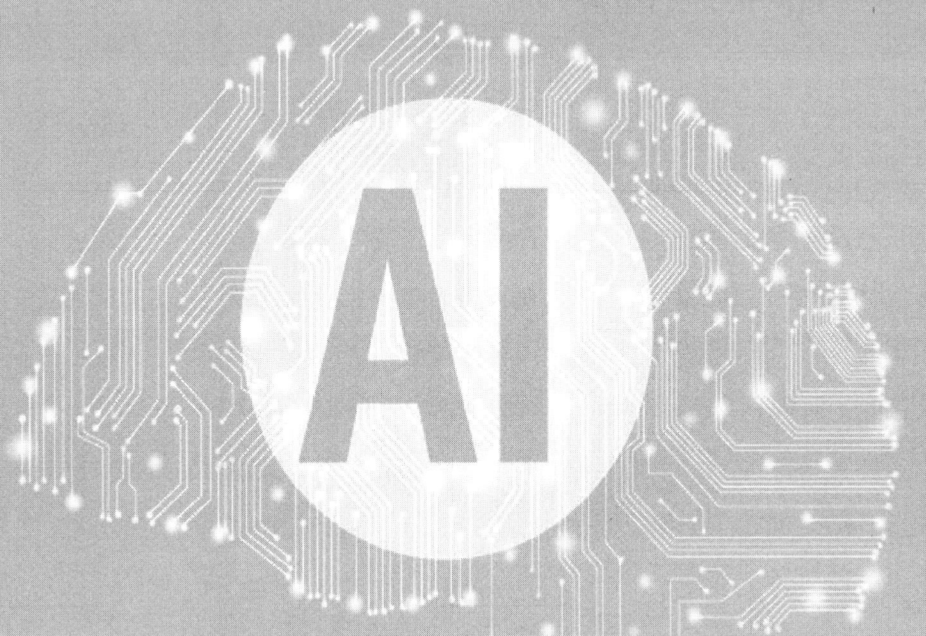

本章将探讨人工智能落地的具体步骤，以及如何将“人工智能技术”变成赋能我们生活和工作中场景的产品或解决方案。本章先概括介绍人工智能落地的领域，之后总结人工智能落地的五个步骤。

由于针对To B和To C的不同领域，人工智能落地所遵循的标准有不同侧重，本章分别给出在不同使用场景下的注意事项，以辅助设计并完善人工智能产品；最后围绕人工智能落地有效性的评估以及数据评估方法介绍，来让人工智能落地创造更大价值。

3.1 人工智能落地的重要领域

人工智能可以解决的任务可分成“感知型”和“认知型”两大类别。“感知型”的任务就是对语音、图像、视频进行类似人类识别的处理，将这些数据转化为人类想要识别和获取的数据形式，比如从图像中对物体进行分类。而另一类“认知型”任务主要就是从数据中启发式地去发现或学习一些规律，并利用这些数据和其中的规律来指导人的决策或者对某些数据指标进行预测。人工智能算法落地的四个重要领域是“语音处理”“计算机视觉”“自然语言处理”“大数据”，这些领域也是目前最为大众熟知的。目前已有不少书籍介绍这四个领域的技术、场景、存在的问题和趋势等内容，限于篇幅本书不再赘述，感兴趣的读者可以关注我的公众号留言咨询。下面只概述技术方向。

1. 语音处理

语音处理有两个主要的技术方向：“语音识别”和“语音合成”。

语音识别是指将我们自然发出的声音从机器转换成语言符号，通过识别和理解过程把语音信号转变为相应的文本或命令，再与我们交互，如图 3-1 所示。语音识别技术可以应用于语音助手，如苹果手机的 Siri。

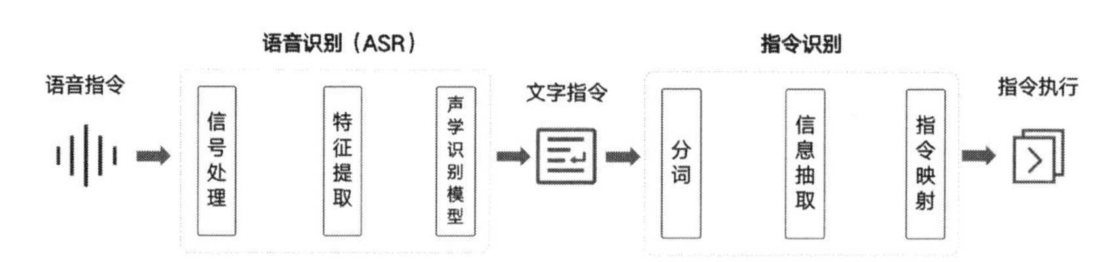

图 3-1 语音识别类产品处理过程

语音合成是指机器把文字转换成语音，并且根据个人需求定制语音，还能“念”出来。如果机器在识别关键信息时，没有识别出一些关键内容，或者机器将语音翻译成文字时翻译错误，或者无法识别用户的准确意图，就可以通过语音合成反问用户，来补充关键信息，进而生成一个机器可以执行的具体任务。

2. 计算机视觉

计算机视觉（Computer Vision，CV）是机器认知世界的基础，目前在图像识别、增强现实（AR）等很多场景下都有很好的落地应用。

常见的应用领域如图 3-2 所示。

图 3-2 计算机视觉应用领域

3. 自然语言处理

自然语言处理（Natural Language Processing，NLP）是人工智能最困难的问题之一，目标是让机器能够理解人类的语言，进而能够让机器和人们进行交流。如智能问答、文本分类、语义分析、文本摘要生成等类型的产品都需依托自然语言处理技术，如图 3-3 所示。自然语言处理技术的落地应用往往需要结合“语音识别”“文本转语音”“知识图谱”等技术。

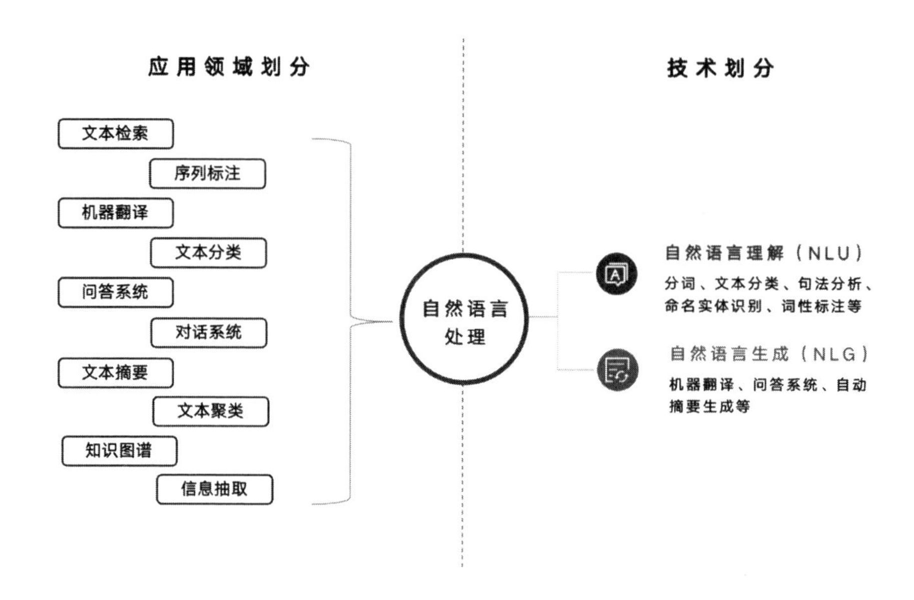

图 3-3 自然语言处理技术落地应用领域

4. 大数据

大数据的本质是通过记录计算机对外部世界的某种变化或度量的信息，来发现有用的规律、知识，进而在具体场景中指导决策。最常见的大数据落地领域如下：

1）**用户画像**：根据用户的社会属性、生活习惯和消费行为等数据抽象出的一个标签化的用户模型。人工智能在用户画像里最重要的作用是从用户的行为数据记录中找到用户的偏好、购买商品或服务的相关性，再利用发现的“规律”给用户“打标签”。用户画像是推荐系统的重要组成部分之一。

2）**推荐系统**：区别于传统的“信息分类”（属于网站运营人员根据经验划分出来的一种专家规则），是指**在当前商品、新闻等信息高度爆炸的环境下帮助用户筛选信息的一种方式**。它针对每个用户的每一项特征和信息特征进行“标签化”分类，再通过用户和信息的标签对用户进行信息匹配，进而向用户推荐喜欢的内容。常见的三种推荐形式是相关推荐、热度推荐、个性化推荐。

3）知识图谱： 是把所有不同种类的信息连接在一起得到的关系网络，网络图由“节点”和“边”组成，每个节点表示一个“实体”，每条边为实体与实体之间的“关系”（实体可以是现实世界中的事物，如人、地点、公司、电话等，关系则用来表达不同实体之间的联系）。知识图谱为互联网上海量、异构、动态的大数据表达、组织、管理以及利用提供了一种更为有效的方式，目前已在智能搜索、深度问答、社交网络以及一些垂直行业中应用。

3.2　人工智能落地的步骤

人工智能落地的关键点为场景、算法、算力、数据，本节介绍如图 3-4 所示的“人工智能落地步骤”，将这四个关键点连接起来，形成整套方案。

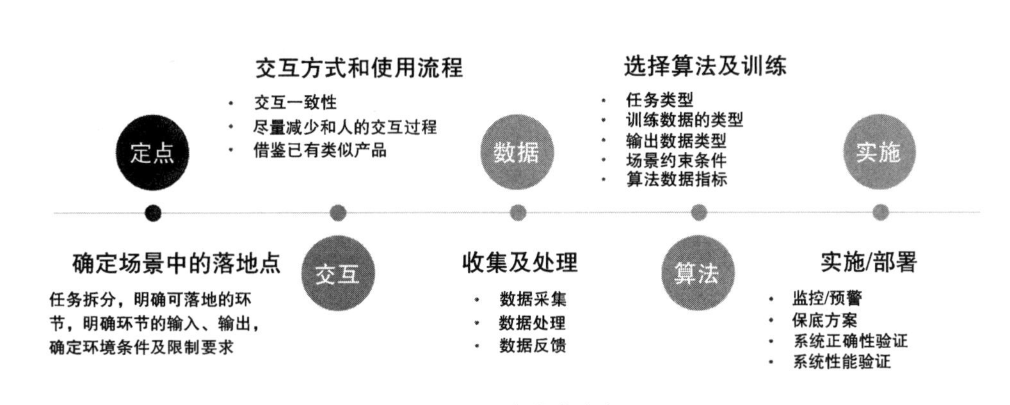

图 3-4　人工智能落地步骤

本节为了便于大家理解，采用下面两个例子来辅助说明：

1）日常生活场景： 如何通过人工智能辅助个人选择出行穿搭。

2）工作场景： 如何通过人工智能辅助企业自动化处理差旅报销。

3.2.1 定点：确定场景中的落地点

人工智能只有赋能场景，才能产生实际价值。描述好场景的第一步是确定场景中哪些是合理的落地点，这需要先在场景中划分出具体的、可以明确给出输入和输出的环节。如果跳过了这一步，最后容易出现以下两种情况：

1）选择的场景太大，难以落地人工智能。比如通过人工智能解决流水线控制的问题，由于流水线是由不同的零件加工、零件组装成产品、产品包装等阶段组成，相同的阶段内也有不同的环节，每个环节的机械设备执行步骤也不一样，所以，难以通过一套算法对这些不同的阶段进行控制。一种合理的场景选择是找出流水线上效率最低的瓶颈环节，并通过人工智能辅助人工来提高效率，如"识别零件是否满足标准要求"，来替代原先的人工识别。

2）场景太小，落地条件不足。场景选择上不能为了用上人工智能而用，否则容易出现"高炮打蚊子"的现象，比如奶茶店内店员给制作好的奶茶封盖，用一个机械设备配上塑封盖即可完成，是一个标准的依托于纯机械设备即可完成的任务，无须应用人工智能。

当我们得到具体落地人工智能的场景后，可按照如下步骤把场景内各个环节描述清楚，从中找到落地点，如图 3-5 所示。

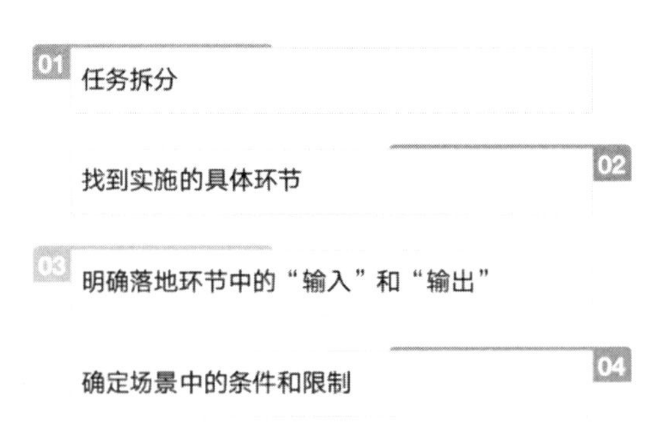

图 3-5 确定场景中的落地点

第一步，任务拆分。

先要把任务整体拆分为各个具体环节，任务拆分时需要注意以下原则：

- 每个环节只完成一个具体功能，每个具体功能的输入、输出都是“确定的”“无歧义的”，能够明确到具体的数据类型和数据格式，如“电信号”“视频采集”“声音”等；
- 涉及用户输入的交互，其数据一定是单一维度的信息输入，如文字、语音；
- 输入和输出环节之间需要明确具体的执行处理环节，以防止环节切分得过细。

以“出行穿搭”的例子来说，整个任务可以拆分为如下环节，如图 3-6 所示。

1）获取外部环境及使用场景：当天的气温变化、天气变化等外部信息。

2）用户需求的输入：用户的个人喜好以及今天的穿衣偏好，有无特殊需要参加的场合等。

3）服装搭配：根据需求为用户输出搭配好的上装、下装，以及出行所需的其他配套实用功能性服装，比如下午可能天气降温下雨，选择一个和用户主要着装相搭配的外套。

4）出行配饰搭配：根据选择好的服装搭配一些用户自己的配饰，如项链、手表等。

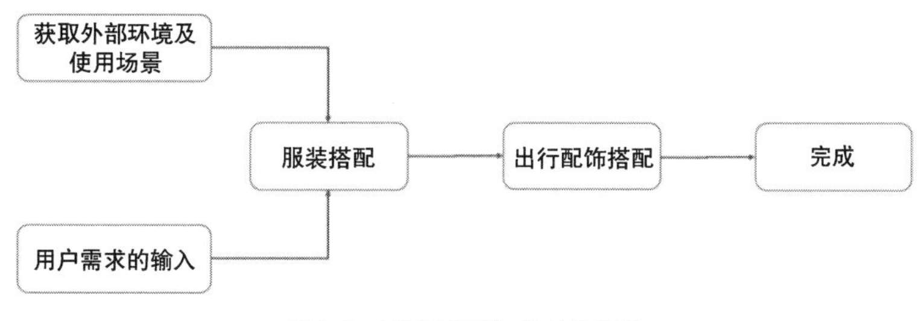

图 3-6　“出行穿搭”的任务拆分

“差旅报销”的整个场景可以划分为五个环节，如图3-7所示。

- 整理需要报销的发票；
- 在公司报销系统中填写报销申请表，包含报销总金额以及具体的报销明细、报销事项；
- 打印申请表；
- 粘贴发票票据；
- 提交财务部门进行审核。

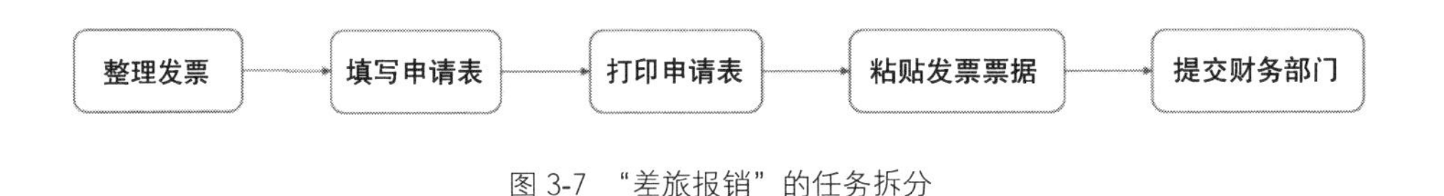

图3-7 “差旅报销”的任务拆分

第二步，找到实施的具体环节。

拆分任务之后，就可以找出人工智能算法能够落地的环节，这些环节有如下几个明确的特点：

- 一定是环节中输入和输出的数据都是明确的；
- 是可以通过一定程度的人工操作来完成的场景，这样才可以通过人工智能算法进行抽象，并将环节中的数据转化成计算机可以识别和处理的二进制数据，进而落地人工智能；
- 环节具备一定的重复性质。

在“出行穿搭”任务中，用户需求的输入环节可以用语音识别的方式替代用户的手动输入，这样在用户刷牙、洗脸的时候就可以完成穿衣偏好，以及出行计划的需求输入。在“服装搭配”环节可以通过人工智能图像相关算法来对服饰颜色和纹理信息进行提取，在不同穿衣风格中判断上装、下装的搭配程度。

在“差旅报销”任务中，用户在报销系统中填写申请表的时候，用视觉技术识别发票上的所有文字信息，利用文本关键信息提取技术对票据的类别、金额等信息进行提取，自动计算金额，汇总统计，用人工智能替代人工录入数据，减少手动输入的错误。

第三步，明确落地环节中的“输入”和“输出”。

需要明确待落地环节输入和输出数据的以下内容：

1）**数据采集的方式**：如通过传感器设备采集的原始、特殊数据情况的处理。

2）**数据格式**：是二进制数、字符串还是数值等。

3）**数据类型**：是整数类型、实数类型、布尔类型、字符类型、指针类型还是组合类型。

4）**数据的要求**：如图像大小、清晰度的要求及声音数据对噪声的要求等。

5）**数据的量级**：用于训练人工智能的数据量有多少，特征都有哪些维度。

6）**数据更新**：是否更新及更新频率。

还需要明确人工智能输出的数据如何使用，如对公司门禁人脸识别而言，输出为“是否属于公司员工”，如果是公司员工，则开门；否则，通知值班安保。

通过对任务中的环节进行筛选，我们可以将上述两个任务中的具体工作落实：

1）**出行穿搭**：根据用户的喜好、出行计划及天气等信息为用户输出一整身的出行服装。

2）**差旅报销**：自动化识别并归类发票类别、金额，并自动化填入报销申请表中。

第四步，确定场景中的条件和限制。

除了上文中需要明确的数据外，系统的适配问题、环境限制是需要明确的。硬件类产品的使用环境、活动范围、场景安全隐患等场景边界条件也需要在设计产品前明确，不然会出现适配问题和资产损坏，比如用安防机器人替代安保人员，机器人在巡航过程中误触了其他开关或者发生碰撞等情况。

通常从以下三个角度确定落地场景中的条件和限制：

1）如何和现有场景中的模块结合：如何串联数据输入、数据处理、数据输出、数据决策各个模块，才能和系统处理流程中前后模块及功能连接来走通整个系统处理流程？可以将人工智能算法模型看成中间数据处理的一个模块，在和后续产生操作的模块结合后才能发挥实际效用。

2）环境要求：是否存在特殊的使用环境，如极冷、极热；是否存在和其他产品配合或干扰的情况，如果有，是哪些？

3）系统的用量：预估使用状况，掌握系统访问的请求状况，合理做好服务架构的设计以防出现大量请求引起系统无法及时处理，导致系统不可用的情况。

在“出行穿搭”任务中数据采集的来源为：用户通过麦克风完成需求的录入（语音），包含当日穿衣偏好和出行安排计划，语音转化为文字后，需要从中提取出关键信息（字符串类型的数据），当日气温则通过访问网络的数据接口实时获取。获取数据后，进行数据预处理，标准化、归一化，并输入到算法模型之中处理。处理好模型后，输出处理结果，再将结果数据对应到已经编号的衣服来告诉用户如何搭配。外部使用环境的条件和限制主要是声音输入的抗噪声要求，如果系统无法正确识别用户输入的内容，则需要进行进一步询问处理。

“差旅报销”任务主要是对图像的数据采集，之后都是通过机器进行文本信息的提取和处理，所以对于原始数据的输入是有要求的，要求在摄像头采集时，输入信息的正面应对准摄像头并且尽量保持发票的清晰，减少折叠、油污、磨损的情况。输出则通过机器的API输入到发票上报系统中。

3.2.2 交互：确定交互方式和使用流程

“人工智能落地”不仅仅是落地模型，还需要设计好人工智能和用户的交互方式，有良好用户体验的产品才能够被用户接受。

对于一款和用户产生交互的产品，**交互方式不仅决定了用户使用人工智能的体验，还决定了使用环境、输入数据的类型和输入方式。**这些内容都是我们在着手落地人工智能前需要确定的，以防止模型训练一半，因为用户交互方式的修改而造成训练数据格式、数据维度出现变化，那么已经训练完的部分都要推倒重来。

合理的交互方式的设计也可以帮助人工智能系统屏蔽部分噪声数据。人工智能模型的效果来自数据，是从数据中学习表达、解决问题的能力，因此用于反馈学习的线上数据质量越好，对模型的效果越能起到正向作用。比如，不好的推荐系统的交互方式，可能会导致用户误点击，从而产生的不能实时被处理的噪声数据会错误表达用户对推荐结果的反馈，进而误导人工智能理解错用户的需求。

下面分三种情况介绍不同的落地场景下的交互方式。

1. 通过人工智能算法对已有产品进行升级

保持和原有产品一致的交互方式可以降低用户的学习成本。大众对于人工智能的理解近似于“黑盒”，需要让大家用熟悉的交互方式感知产品，这样更容易上手，也更容易感知人工智能在产品中起到的作用。比如在软件开发工程师写程序时的代码补全场景中，利用人工智能深度学习技术根据工程师已经写过的代码推荐接下来所需要的代码，比现有代码编程工具能够给出长度更长、更准确的推荐代码。IDE（Integrated Development Environment，集成开发环境）本身有自带的代码推荐，相比人工智能推荐的代码，IDE 自带的代码推荐大多是单个词，并且是基于规则给出的推荐。将人工智能的长推荐插入原有的代码提示框中，用与原先 IDE 自带推荐一致的交互方式，消除了用户的使用学习成本。通过两种代码推荐方式的对比，用户也可以感知人工智能在该场景中的作用。

2. 用人工智能替代原有系统中的解决方案

替代解决方案的产品，应减少或者完全去掉人工手动的环节，来提高用户的使用效率，让场景内的服务更加便利、高效地完成。比如业务中需要手动输入信息的部分，通过视觉识别技术自动录入信息，更快、更准确地完成数据的录入。如果场景不能满足完全一致或更少的交互过程，可以按照“唯一性原则”只增加唯一的交互步骤，如只增加通过单次语音、单次文字输入、单次屏幕点击确认等。

3. 前所未有的新产品

在这种情况下，可以借鉴类似的产品的交互方式，**将原有产品的使用方式迁移到新的使用场景中**。比如“人工智能翻译笔”，在语音翻译技术成熟前没有此类产品，它的相似产品可以是“录音笔”，二者的使用场景和环境是类似的，并且产品的外形相似度也很高。交互方式的迁移让用户减少了学习成本，更容易上手并降低用户内心对新产品的抗拒。

可以从以下三个角度寻找可借鉴产品，如图 3-8 所示。

1）数据一致性：数据格式一致，包括输入和输出的数据。比如上面的例子中，“录音笔”和“人工智能翻译笔”的输入和输出都是音频信息，一个是用来记录信息，一个是进行音频的转换。当然，有的“人工智能翻译笔”还可以将翻译出的结果通过显示屏进行文字显示，帮助使用者在不方便听取翻译结果或者周围环境条件不允许听取的情况下使用。

2）结构属性一致：都是小巧、易于携带的，类似“写字笔”。

3）使用场景，目标用户一致：对于产品的使用者，两个产品都有一个共同的目标用户——记者。使用方式的一致性，减少了记者对新产品的使用学习成本，以防由于使用方式不当而影响工作。

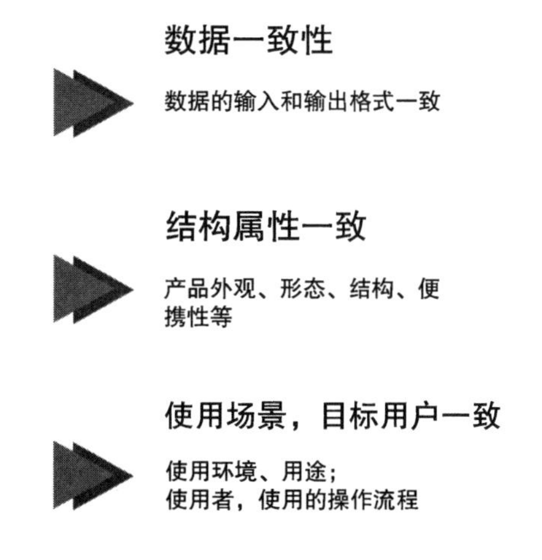

图 3-8 确定可以借鉴的产品交互的三个角度

对于人工智能产品交互的设计选择除了上面的注意事项外也可以参考如下准则：

- 在人为操作上，根据交互的复杂性，选择顺序的优先级应该是：音频优于触摸屏幕，触摸屏幕优于其他外接的输入设备，如键盘；
- 预测用户需求而主动提供服务优于用户被动触发；
- 使用过程配备简单的流程说明，并且突出想要让用户操作的位置，对用户的操作进行及时的反馈，以免用户不知道自己的操作是否正确；

- 不要违背用户头脑中的固定思维，如“突出式”往往是按钮，按钮是用来按的，而不是设计一个突出的触摸板，这样可防止用户出现误操作的情况。

在“出行穿搭”的例子中，用户的输入方式应该是通过语音进行信息交换，用户可以在吃饭、如厕的过程中用语音输入告诉穿搭系统今日着装的要求。同时当系统给出穿搭建议后，通过显示设备告知用户选择服装的样子以及在家中放置的位置，以减少寻找衣物的时间。

对于“差旅报销”的场景，可以借鉴超市中的设备扫码，将发票正面靠近摄像头的位置即可完成发票内容录入，在这个交互过程中，还需要增加“发票识别完成”的提醒，比如当用户录入一张发票后，用亮灯或者语音播报的方式提醒用户这个发票已经识别完毕。若因为位置不准确、发票折叠等问题而造成摄像头无法正确识别，用户则听不到或看不到发票识别完成的提示，这样就可以及时知道操作有误，并进行调整。

除了面对实际用户的落地场景外，很多场景下人工智能的输出会对接到系统中的其他模块，这个时候人工智能会嵌入到原系统中的某一环节，最终作为系统中一个集合了人工智能算法的模块，这个模块和原系统中的其他模块产生交互，处理数据，执行一些自动化的任务，而非直接服务于人。在这种情况下，人工智能落地需要确定的交互方式包含以下三个部分：

1）和系统中其他模块的调用关系：人工智能模块数据来自系统中哪几个模块的输出，人工智能模块的输出又连接到系统中的哪些模块。

2）和系统中其他模块的依赖关系：人工智能服务需要系统的哪些部分支撑。

3）系统各个模块对系统资源的影响：比如不同模块对内存或者CPU的占用情况。

这三个部分确定了当人工智能应用于系统中某一环节时，和系统的其他模块是如何交互的。

3.2.3　数据：数据的收集及处理

确定好了具体落地的场景和交互方式之后，就该做数据方面的工作了，包含以下三部分工作：

1. 数据采集

数据采集即通过传感器和其他数据采集设备将数字信号或模拟信号从被测量单元中采集并录入系统。采集数据的类型不同，所使用的采集设备也不同，如温度、湿度、光强等信号通过相应的传感器采集；视频、图片等图像数据通过摄像设备采集；音频等声音数据通过麦克风采集。数据采集要尽量对干扰型噪声做屏蔽处理，以提高数据的质量。

在其他场景下，数据是预先准备好存储在数据库中的，数据的采集来自在应用人工智能之后对数据库中数据的更新，比如用于推荐系统中描述用户喜好的数据库。

2. 数据处理

训练人工智能模型前要对数据进行处理，把收集到的数据转化成计算机可以识别和处理的形式，以得到我们需要的数据特征。特征会直接影响算法模型的预测，是用来描述数据内部结构信息的。好的特征除了能够使人工智能落地效果更好之外，还有以下三个优点：

1）**简化建模、算法选择的工作**：特征选择得好，即使不使用非常复杂的模型，也一样能够获得所需要的性能表现。

2）便于维护、调整模型的参数：在模型训练过程中，有很多需要通过经验或者实验来调整的模型参数，特征构建得好可以让我们花更少的时间去寻找最优的模型参数。

3）运算速度更快：由于模型复杂性降低，模型中需要计算的参数也会随之减少，从而使得运算速度更快。

数据处理包含了**“预处理”**和**“特征工程”**两步，如图 3-9 所示。Kaggle（数据竞赛平台）[1] 上有一句很经典的话：**“数据和特征决定了机器学习的上限，而模型和算法只是逼近这个上限而已”**。

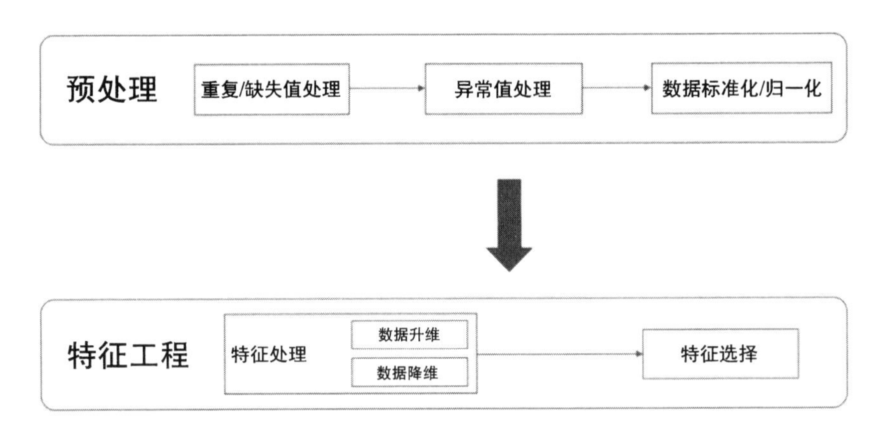

图 3-9 数据处理的步骤

先要做“预处理”，如何把我们收集的原始数据，处理成计算机能够识别、计算的形式，是在“特征工程”步骤前需要先进行的。

我们拿到的原始数据可能有以下问题：

1）不同的数据拥有不同的量纲：不同的数据，由于来源和采集方式不同，可能会出现单位不一样的情况，比如对于用户付款统计来说，有的统计以“元”为单位，有的统计以“分”为单位，不同数据需统一量纲、单位。

2）信息冗余： 在数据的部分项目中，有些定量的项目和我们的关注目标不一致，此时我们可以简化处理数据项，比如在企业的生产制造中，出厂时间可能精确到小时，如果我们只关心以“天”为单位的信息，则可以将数据进行简化。

3）定性的特征处理： 比如“人的工作职位”或者“一年四季”，这些数据隐含的意义是无法让计算机理解的，因为它们是定性的特征，需要将这些数据转化为定量的特征。比如可以将四季“春”“夏”“秋”“冬”处理成为数字“0”“1”“2”“3”。

4）缺失值： 由于数据采集过程中出现问题，原始数据中可能存在一些缺失项。

5）异常值（数据噪声）： 有的数据在受到环境影响或者录入错误时，可能会有一些异常数据，给原始数据引入了噪声，比如对于年龄，可能手误多输入一个“0”。

6）数据不一致： 数据来源不同很容易出现部分数据项前后不一致的情况，比如有的个人数据是存储“年龄”，而有的个人数据是存储“出生日期”。

7）数据重复： 数据可能存在多次录入而造成部分数据重复。

针对以上这些问题，在“特征工程”步骤前，需要将数据通过“预处理”来得到标准的、统一的数据集。处理的过程可以分为以下几步：

第一步，重复 / 缺失值处理。

当数据项存在缺失时，为了提高数据整体的完整性，可以采取以下方法对数据进行处理，如表 3-1 所示。

表 3-1 重复 / 缺失值处理

处理方法	适用范围	优点	缺点
直接删除	缺失数据比例较少时	处理简单、方便	样本信息减少，改变原数据分布
均值或中位数替代	缺失项数据分别呈现一定规律，如正态分布等	不减少样本信息	数据非随机产生时，容易产生偏差
随机差补	缺失数据较少，缺失项取值范围较少	简单、易操作	容易带来误差
建模补充	通过“最近邻”等方式寻找相似样本，用相似样本属性来替代缺失值	不减少样本信息，符合原始数据分布	操作复杂

对于重复的数据，如果在场景中这些重复数据是有意义的，比如用户在同一时刻操作同一内容，则无须进行处理；但如果重复原因是由重复的数据采集等问题导致的，则需要去掉重复的数据。如果重复的是具体数据中的某一项，比如用户数据中的年龄和出生日期，二者含义相同，只是表示方式有区别，则可以去掉其中一个，只留一个容易被计算处理、用明确定量表示的数据项即可，比如去掉“出生日期”保留“年龄”。

第二步，异常值处理。

异常值处理的重点在于判断哪些数据是异常的，通常需要对数据进行相关统计和分析（如直方图等），并对数据的平均值和方差进行统计，通过数据可视化等方式来发现一些异常的取值情况，比如年龄超过“200”或者为“负数”。在我们对不同的维度数据进行可视化的时候，可以一目了然地发现这些异常数值，进而将它们从数据集中去除或修正。

判断数值是否异常有两个常见的方法，第一个方法是统计分析，比如我们可以假设数据项服从“正态分布”，然后通过计算平均值和方差，根据“3σ 原则”[㊀]看看哪些数据距离平均值的样本距离超过了 3 倍数据标准差。如果数据不服从

㊀ 在正态分布情况下，大约有 68% 的数据落在平均值加减 3 倍标准差的范围内。

正态分布，则需要根据经验和实际情况，来看看样本与平均值的距离，如果超过了一定范围，则可以判断为噪声数据。第二个方法就是通过“客观事实”来判定，比如商品重量远超合理范围等。

对于这些异常数据，最简单省事的处理方式是删除有异常的数据项。当数据量不足时，也可以对样本数据进行修正。修正的方法参考缺失值的处理方法，可以用平均值或者中位数来替代异常数据项，也可以将异常数据标注为新的类别。数据的异常可能也反映了客观事实的某种特殊情况，直接删除不利于我们发现场景中潜在的问题。

第三步，数据标准化 / 归一化。

数据不标准主要是由于不同数据项的量纲不一致，因此数值上的差异会比较大，进而影响最终的效果。将不同数据项按照比例进行缩放，使得数据能够落到一个特定的范围内，比如 0 ~ 1，可以有效消除量纲和取值差异，这也是很多机器学习算法的要求。比如对于一个人身体健康程度的分析，可能的数据项包括“身高”“体重”，其中当身高的单位是“米（m）”时，数值范围在 1.5 ~ 1.9，而当体重的单位是“千克（kg）”时，数值范围是 50 ~ 100，这样的数值分布，如果不加以处理，对之后健康程度的预测将会偏向数值普遍较大的“体重”，影响模型的预测效果。标准化、归一化的操作还可以提高后续模型训练过程中的收敛速度。标准化、归一化处理有很多常见的方法，比如“min-max 标准化”“Z-score 标准化”等，具体可以查阅相关技术文献。

对于文本类型内容的预处理，主要的过程如图 3-10 所示。

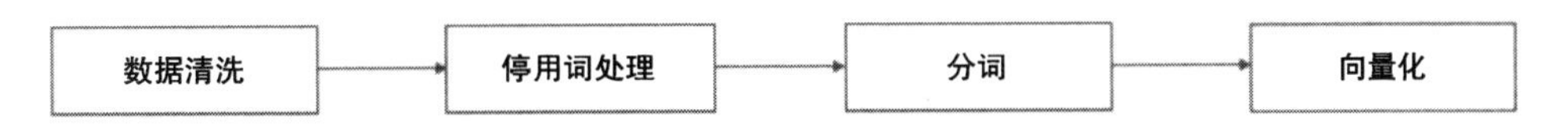

图 3-10　文本类型内容的预处理

第一步，数据清洗。由于数据来源不同，文本中可能混杂一些特殊的标签和符号，比如当数据来源于网页时，会有一些“HTML 标签”、特殊文本标记“ ”等。

第二步，停用词处理。停用词是指那些没有必要存在的词，去掉之后对整个句子含义没有任何影响，比如“语助词”“代词”“虚词”等。

第三步，分词。将连续的句子划分为一个个词的过程，便于后续将词进行向量化的处理。

第四步，向量化。将分词处理的结果去重后表示被称为“词向量”，即计算机可以处理的形式。

对于图片类型的内容，为了减少信息的损失，一般只做一些基本的处理操作，如图 3-11 所示。

图 3-11 图像内容的预处理

第一步，图像增广。为了提高模型的泛化能力，在图像处理任务中经常扩充数据集，比如目标检测或者图像识别时。“图像增广”是对数据集中的图片做一系列的旋转、缩放、切割等操作，利用深度学习中卷积神经网络的平移不变性和旋转不变性的特点，即图像中物体位置变了依然可以将其识别出来，从而可以有效扩展数据规模。

第二步，图像增强。即通过图像锐化、去噪声、灰度调整等方法来改变图像的视觉效果，面向场景需求，将图像数据转换成更合适的形式，来抑制图像中一些无用的信息。

第三步，图像均值化处理。即在每一个特征维度上（RGB 每个通道的像素）做减去均值的处理，有的算法要求再除以方差来进行“白化”处理，以使得各个通道上的像素值都在同样的范围之内；也有算法需要将图片大小都调整为统一的宽度、高度，因此有时也要调整图片大小。

数据预处理完成后，就要进行“特征工程”来得到我们需要的特征。

特征工程就是人工把原始数据转换成特征的过程，即由人设计后续模型的输入变量，将原先的 X 转换为 X' 的过程。对于机器学习来说，好的特征能够提高模型预测效果，并防止训练陷入“欠拟合”或者“过拟合”。在此需要说明一下，深度学习由于层数和参数较多，表达和学习特征的能力更强，因此在很多情况下不需要对预处理之后的数据进行更多处理，模型可自动学习特征的表达。

特征工程的主要步骤可以分为“特征处理”和“特征选择”。

第一步，特征处理：升维、降维。

“升维”是在数据维度较少的情况下做的特征组合工作。有时候可能只有几十个基础的可以处理的变量，而其他变量缺乏实际含义，比如用户的地址、职业、购买记录等，这些变量不适合直接建模学习，但通过一定的特征组合之后，这些变量可能具有较强的信息。

“特征处理”的过程类似于“拥有领域经验的人”能够从数据中看出来数据之间的隐含关联。通过特征之间的组合等方式，将原有较少的特征通过处理变成新的更多的特征，从而在数据中表达出潜在关联性。比如对于新闻内容，内容特征有“体育”“财经”“科技”等，而看新闻的用户的职业特征有“教师”“工程师”“医生”等，将“内容”和“职业”两个特征维度进行组合之后，数据就可以用于“不同职业用户对不同内容类型新闻的喜好预测”。

“降维”是指用更少的特征在信息衰减的情况下表示原先的数据。当我们数据的特征项过多的时候，此时特征的处理、学习等操作所需要的计算量会很大，可能会影响数据处理的效率。因此，为了降低人工智能模型的学习时间和计算成本，挖掘特征之间的相关性，常常对数据进行“降维”。常见的方法如“主成分分析[2]（Principal Component Analysis，PCA）”“线性判别分析[3]”等。

第二步，特征选择。

“特征选择”和“特征处理”是同时进行的，要选择最有效的特征输入到模型中进行训练，那么如何判断得到的特征是否合适呢？

可以从以下四个方面进行考虑：

第一个是所选择的特征和人工智能要预测的目标相关性是否强，需要计算各个特征和待预测变量的相关系数，通过“计算相关系数[4]”或经验判断选择相关性高的特征。比如，预测当日平均气温，通过传感器收集空气湿度、气压以及过往气温变化等信息，分别通过历史气温数据计算每日气温和这些当日气候指标的相关性，从中选择几个指标作为预测气温的数据项；也可以通过领域内专家的经验判断特征和目标的相关程度来进行选择。

第二个是通过每个特征给数据集带来的信息增益大小来判断[5]，特征携带的信息越多，该特征对结果越有用。比如在判断用户购买商品的喜好时，用户一周内浏览商品的特征和用户主动收藏店铺的特征就要比一年前用户浏览商品的特征更有效。

第三个是通过特征的方差来判断特征的发散程度。当方差趋近于 0 时，表示这个特征基本没有什么差异，因而对于目标判断没有用。比如为了某特征而采集的数据几乎没有变化，但需要预测的目标结果变化较大，那么这个特征相对于其他变化较大的特征项，对最终判断预测目标的影响就是较小的。

第四个是通过抽取部分特征用于训练和测试来判断，即每次选择一定的特征进行模型训练，然后选择使最终目标函数结果最好的特征。比如特征有100项，从中随机选择25项特征进行训练和测试，将多次实验的结果进行对比，逐步排除训练结果差的特征项，最终得到一组特征再用于实际的落地场景中。

3. 数据反馈：构建持续优化系统的数据循环

当我们得到了可以落地的人工智能模型，并把它部署之后，如何建立一个数据反馈流程，以便持续从实际场景中获取数据来优化模型，达到更好的使用效果？

你的人工智能系统需要的是持续稳定的数据反馈，来持续优化系统。

为什么数据反馈是尤为重要的？

一是因为当环境发生改变时，实际数据和训练人工智能的数据会产生一定的变化，因此人工智能输出的结果可能是不准确的。人工智能模型需要依托实际反馈数据进行进一步训练、演化，才能够将场景内的“变化”反馈到人工智能模型上，及时修正人工智能的输出结果以提供安全、稳定、及时的服务。

二是因为人工智能需要给用户提供个性化的服务，用户可能是个人、团队、公司，个性化的需求会随时间发生变化，这决定了**人工智能模型不是一次性工具，而是一个持续反馈的系统**。例如，谷歌、百度等互联网公司的搜索引擎能够根据用户点击及输入等操作，收集到用户点击和浏览的数据，抽取关键特征并反馈到后台算法中，来调整优化模型的参数。神经网络训练好后能用于对用户行为的预测，优化搜索引擎的排序结果，进而改善用户体验。

所以在开始设计系统模块的时候就应该构建数据反馈模块，从服务输出的终端收集对实际效果反馈的数据，再用这些反馈数据训练、调整人工智能模型参数。使用调整后的人工智能模型又产生新的反馈数据，这就形成了闭环的数据反馈循环。工具类型的人工智能产品，可能不具备在线学习的功能，需要制作人员预留数据反馈的机制，将用户的使用数据“脱敏”后通过日志记录在设备中或云端。运行一段时间后，再基于这段时间的数据统计信息，手动把新增数据录入到训练数据集中，导入到系统中进行“离线”的模型调优，之后再在场景中应用新的人工智能模型。

在前面的例子中，“出行穿搭”系统的输出数据是给出推荐的出行着装，用户实际是否采纳了系统推荐的穿搭，体现出系统推荐模型的使用效果。若用户对推荐结果不满意，可以再次通过语音对话的方式进行输入，告诉系统自己需要的相关信息。比如“这件衣服太旧了，想穿较新的衣服”，系统在获悉用户的反馈后，就可以进行推荐结果的调整，并提高原算法，对用户喜好中的“购买时间”相关权重的特征进行增强。

对于“差旅报销”的场景，由于需要人工智能算法的地方是对图像信息进行识别和提取，这里的人工智能是有工具属性的，不适合进行在线学习和更新，这就需要在实际场景中存储最终系统输出是否正确的例子来作为“正负样本”，让企业财务人员在最终审核阶段，对系统算法的分类和识别效果进行最终确认（有问题的发票信息识别记录为“负样本”，没问题的发票信息识别记录为“正样本”），之后将累积的数据添加到算法的训练数据集中，来优化人工智能模型。

3.2.4 算法：选择算法及模型训练

需要根据数据类型和任务来选择合适的人工智能算法。人工智能算法种类繁多，不同算法的适用范围、算力要求、可解释性程度均是不一样的，在实际中需要根据场景的输入和输出、准确率要求、性能要求（运算速度）以及经济开销综合进行选择。很多开发者会优先选择神经网络模型，但其实不能说神经网络模型在任何情况下都比其他机器学习算法更有优势。

算法选择不当，未跟场景匹配会造成以下三个明显问题：

1）浪费计算资源。不同的算法对计算机硬件配置的要求是不一样的。比如对于基础的机器学习相关的算法，是可以在常规电脑的CPU上运行的，但对于深度学习算法模型来说，由于模型参数较大、层数较多，需要相应的大规模计算性能设备的支撑，使得GPU等协处理器成了一种必需品，而这些加速计算的芯片需要额外付出成本，并且价格并不便宜。比如图像识别，对手写体数字识别，在保证速度的前提下，不需要额外的GPU，使用个人笔记本电脑即可，如果因为应用深度学习模型，如因卷积神经网络而用了GPU，那么GPU就变成额外的经济成本。

2）提高人工智能模型调试难度和时间成本。不同算法的复杂度不同，复杂度越高的算法，可解释性越差，当实际使用中出现问题时，就会越不易定位问题，无法及时处理。在商业决策中，常常会碰到可解释性的问题，如一个由智能算法给出的推荐建议是否合理、人工智能是否按照最初的设计进行工作、有没有其他因素干扰到决策……无法解释这些问题将影响智能决策的科学性。很多做推荐系统的企业中的个性化推荐用的是最简单的logistic回归（Logistic Regression，LR）[6]，就是为了在推荐效果不好的时候，能够尽快发现问题，并调整模型参数来让推荐效果更符合预期。

3）不合适的算法无法满足场景落地要求。因为不同模型对数据的质量和数量是有要求的，并且有的算法只能解决特定的任务，比如应用于分类任务的多分类决策森林模型，由于输出是用于分类，就无法应用在预测具体数值的回归任务中。对于网络层较深的深度神经网络模型，当训练数据过少的时候，很容易陷入过拟合状态，无法达到能够落地使用的程度。人工智能在具体场景的落地需要在准确率、召回率、运行速度等指标达到一定要求之后才能进行，尤其是在很多商业场景落地的情况下。

我们在选择合适的算法模型时，主要考虑的就是场景中的具体条件以及不同算法、模型在数据集上达到的数据指标。将这些需要考虑的因素分成以下五个方面，如图 3-12 所示。

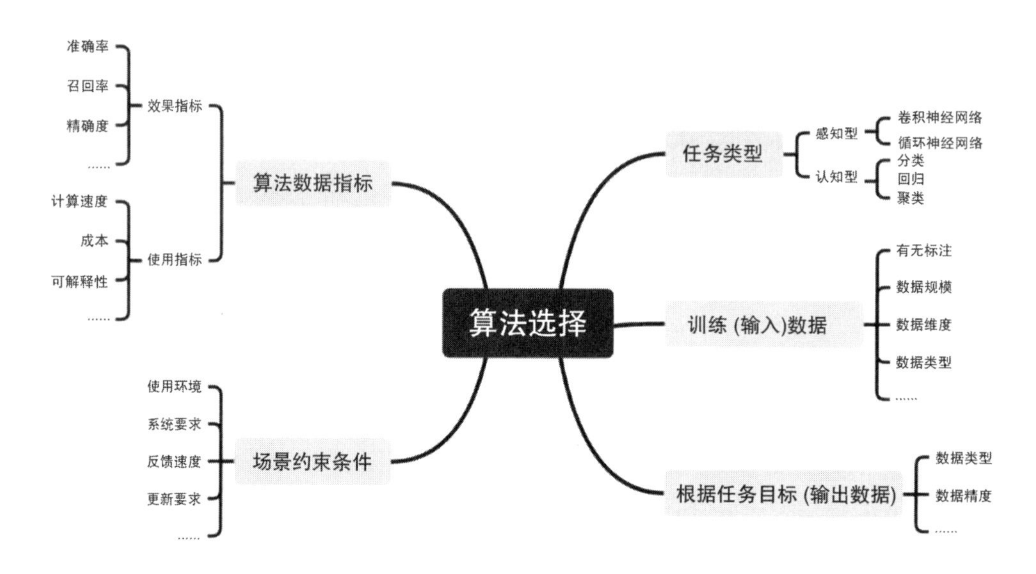

图 3-12 选择合适的算法考虑的因素

1. 任务类型

落地场景的任务属于“感知型”还是“认知型”。

“感知型”是通过人工智能赋予机器模仿人类识别信息的能力，来获取信息的输入，将视觉、听觉、触觉等信息转化成计算机存储的格式，并通过识别来对相关信息进行第一步处理，典型场景是如音频、视频、图像等含有丰富信息量的使用场景。“感知型”任务适合采用如卷积神经网络[7]、循环神经网络[8]等深度神经网络一类的算法。

“认知型”任务则是根据已有的数据去做决策或者是预测未来走势，适合使用机器学习相关技术，通常分为分类、回归、聚类三种类型。

2. 训练（输入）数据

如果想要预测目标变量的值，并且训练数据是带标签的数据，则可以选择监督式学习算法。监督式学习算法是基于样本集做出预测，算法训练过程中的输入数据包括用于处理的数据和期望的输出数据，以它们作为标注过的数据。比如，某商品的历史销售记录可以用来预测其未来的价格，算法会分析训练数据并学习到从输入数据到输出数据的函数映射关系。

如果你拥有的是未标注过的数据，并且希望从中找到有用的信息，那么这就属于无监督式学习问题，“K 近邻”“LDA 主题模型”“主成分分析”等就是待选择的算法，此时需要自动地发现数据中潜在的固有关系模式，比如通过聚类分析算法对样本数据集进行分组。

如果输入的是图像、视频等属于计算机视觉领域的问题，则使用卷积神经网络模型。

如果输入的数据是对话、文章等语言文字的相关数据，则使用循环神经网络模型。

如果你想要通过与环境的交互来优化一个目标函数，让人工智能能够按照你设计的规则自动去学习如何完成任务，那么就是一个强化学习的问题。强化学习是通过环境的反馈信息，对人工智能行为做出分析和优化的算法。此时人工智能不是被指示该采取哪个行为，而是会自主地尝试不同的行为并找到能够获得最优反馈的行为。

3. 根据任务目标（输出数据）

如果输入数据用于预测其所属类别，那么就是一个分类问题，即当输出预测值是离散值时，对于数据特征较多的场景适合支持向量机；对于精度要求高、内存较大的场景，适合多分类决策森林；对于简单可解释性要求高的线性模型场景，适合 logistic 回归。

如果模型输出是一个（连续的）数字，就是一个回归问题。根据过去和当前的数据对未来数据进行预测，常用于分析某事件的趋势，当需要预测的事件发生次数多时适合采用泊松回归，当数据量较少时适合采用贝叶斯线性回归，当对数据进行分类排序时适合采用排序回归。

如果模型的输出是一组用输入数据划分出的簇，那么这就是一个聚类问题。

4. 场景约束条件

使用场景下的客观约束条件是什么？对存储数据容量是否有要求？对系统的处理速度是否有要求？嵌入式的 IoT 设备，可能无法存储以 GB（吉字节）为单位的模型和算法，或无法实时对以 GB 为单位的大量数据进行分析和处理；有的场景对人工智能的预测速度要求很高，比如自动驾驶，需要尽快让车辆对道路标志、道路状况进行监测，以免发生交通事故；有的场景对模型的学习速度有很高要求，需要快速训练，比如聊天机器人，需要尽快在对话的语境中找到用户的诉求，使用不同的数据集实时更新模型。我们可以从时间、算法准确率、数据处理吞吐量、交互方式、环境要求这五个维度进行思考。

5. 算法数据指标

模型的复杂度决定落地的准确率、速度、部署需要的硬件成本等，因此我们在人工智能落地的过程中也需要结合实际场景考虑数据指标。一般复杂的模型具备下列特征：

- 可以支撑训练数据包含更多的特征维度，如可以对上千个而不是几十个特征进行学习；

- 需要更多的算力；
- 前期数据预处理工作会更复杂，如主成分分析、特征交叉分析等；
- 更慢的运行速度，参数越多需要的算力越大，在算力相同的情况下，越复杂的模型，运行速度越慢。

我和很多算法工程师在关于人工智能落地的交流中，发现目前业界普遍的做法更为简单，对于图像处理用卷积神经网络模型；对于语音和文本处理、自然语言理解相关的任务则使用循环神经网络模型；对于预测、分类等大数据任务则使用最简单的 logistic 回归即可，这样的算法选择可以在大部分场景中得到一个任务完成的基线模型，之后再通过调整模型结构、参数，或者使用多模型聚合处理等方法进一步增强效果。

在前面的例子中：

"出行穿搭"输入数据是用户日常的穿搭选择和喜好，以及当日行程规划、温度变化等数据，输出数据是用户服装选择，因此在这个场景中可以选择可解释性强的"决策树"模型。"决策树"模型是一种树形的网络结构，其中每个节点代表在某个属性上的一种选择决策，而每个分支则代表了一个判断条件，它是一种常用的分类方法，同时也属于监督式学习。用户的穿搭喜好和气温、天气情况、日程规划则代表了"属性"，最终输出的穿搭服装就对应着最终决策树输出的"类别"，通过历史数据将它们组成训练数据。学习的过程就是从这些数据中得到一个树形的分类器，如图 3-13 所示，每个"叶子节点"对应"根节点"所经历的路径就代表用户每一次输入给出的输出判断路径。

"决策树"属于机器学习的一种，易于理解和实现，无须额外的技术背景也能够在模型建立后理解决策树模型输出所表达的含义。

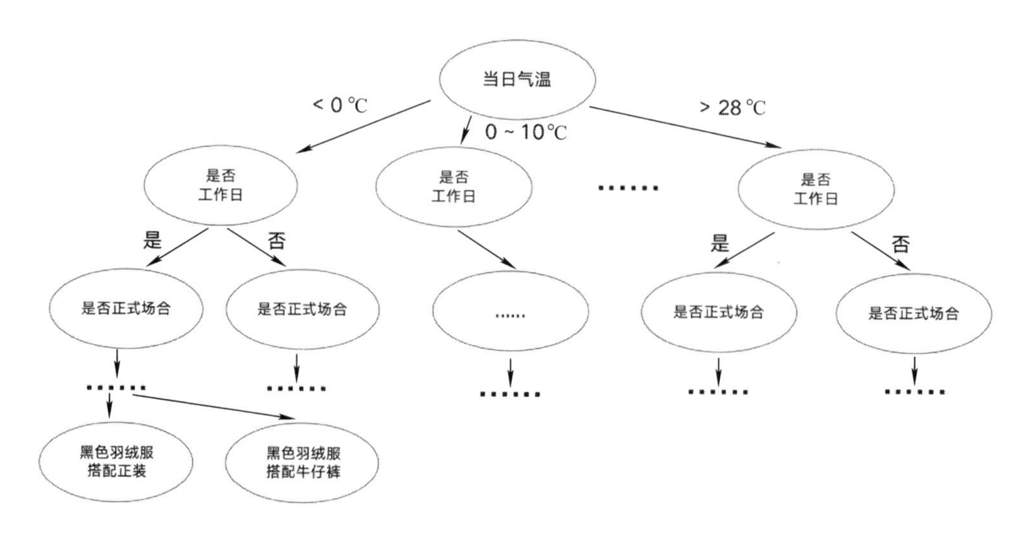

图 3-13 决策树示意图

“差旅报销”是一个图像识别问题，可以先使用卷积神经网络模型从图像中提取信息（待提取的信息包括每张发票的金额以及类别），之后通过神经网络模型将每张发票进行分类，按照类别将对应发票归类，将同类发票金额进行汇总即可。需要注意的是，要将人工智能识别信息和对应的数据项相匹配，比如将识别的数字和发票金额对应上，人工智能模型识别输出的内容，再通过一定的处理规则，分别对应到待识别项目中，这里的处理可以采用正则表达式的方式从识别的数字和文字内容中匹配。

从实施人工智能的角度看，也需要和数据处理部分相结合，进行反复调整和测试，最终达到所需的落地效果，整个过程如图 3-14 所示。

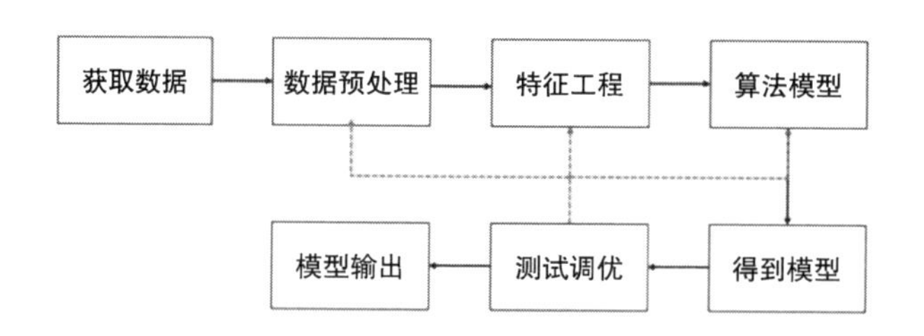

图 3-14 数据处理及算法调整和优化过程

3.2.5　实施：人工智能系统实施 / 部署

当人工智能算法、模型的数据指标能够满足场景的要求后，下一步就是部署实施阶段，将人工智能模型部署到系统中，并且按照设计好的交互方式，将各个系统模块连接在一起来完成最后的落地工作。

在经典的计算机程序系统中，程序就是我们设计的运行规则，当输入需要程序处理的数据后，系统输出的结果是确定的，因此我们可以通过对比“正确答案”和运行结果来确认计算规则的正确性。但在人工智能系统中，输入的是数据和输出结果的标注数据，人工智能系统经过训练，输出的是模型，即“执行规则”，因此在没有“正确答案”进行验证的前提下，除了正常的服务部署之外，我们还有监控 / 预警模块、系统保底方案。另外，人工智能会存在“胡说八道”的“幻觉”问题，故而输出结果也需要经过正确性验证及性能验证来确保落地的服务是稳定可行的，整个部署的过程如图 3-15 所示。

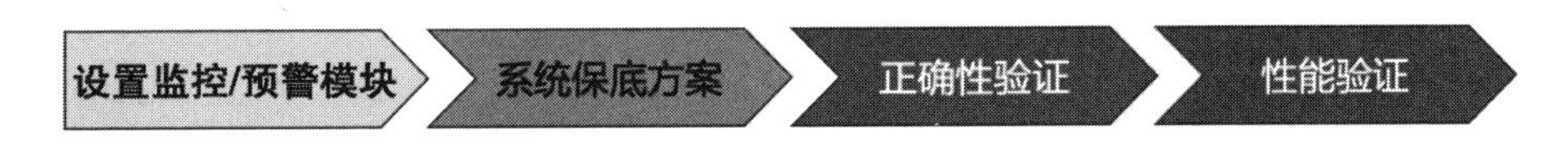

图 3-15　实施 / 部署

1. 设置监控 / 预警模块

为了确保服务的稳定和良好的运行状态，系统中需要设有监控 / 预警模块来检测可能出现的异常情况，如系统故障、请求超时等，这些会影响用户体验和服务的正常运行。复杂的应用环境会加剧人工智能系统的脆弱性，及时发现、定位问题才能采取有效的方法及时修复和优化。监控就是用来对系统的运行情况进行观测，实时掌握每个模块的运行状态。当有异常或故障发生时，监测系统指标的变化会触发告警规则，从而给系统维护者发出警告提醒来及时维护系统。因此对人工智能系统进行可用性测试或部署服务前，需要制定可靠的监控 / 预警模块，这一步将直接影响落地的质量和稳定性。

需要从以下四个方面对人工智能系统进行监控：

1）**监控服务状态**。人工智能和其他软件服务一样，都是通过各服务模块之间的调用和运行来完成数据的处理、传递、逻辑执行，这部分的监控是对服务接口的工作情况以及是否有异常抛出情况进行观测。比如以一定的时间频率对服务接口进行请求，然后对返回内容的字段和状态码进行检查，看看是否有异常情况出现。请求返回的字段内容可以模拟真实的调用请求，当返回结果异常时，可以按照接口设计规范对问题进行排查。

2）**监控系统输入数据**。人工智能模型的输入数据需要经过预处理环节，当有异常情况发生时，输入数据与正常数据会有很大差别，比如量纲差几个数量级或格式不符合输入规范。这些问题常由于环境发生变化、信号采集设备出现损坏或使用不当造成，因此在数据处理的预处理环节需要对数据的格式、取值范围进行校验，对数据字段超出合理的范围或不符合输入规范的情况进行预警。比如我们将人工智能摄像头作为公司门禁时，常因为人距离摄像头位置较远，难以给出正确的识别结果，这时候就需要提醒到访者移动到合适的位置再识别。

3）**监控人工智能系统的实际表现**。当输入数据正常时，也会由于原先模型训练过程中使用的训练数据未能覆盖部分场景，影响了系统的表现。当场景中有在训练数据集中不包含的特殊情况时，如因为使用环境发生了改变而造成系统输入数据和原先有较大出入，那么模型就很难快速学习到如何处理这种突发情况，可能导致系统突然失灵，从“人工智能”变成“人工智障”。随着时间的变化和数据的演化，人工智能模型的性能会逐渐下降，当模型按照系统的准确率要求无法拟合当前数据的情况时，就需要重新训练、评估、部署以更新模型，这意味着需要对这些低于预期的数据进行人工标注，并将这些数据和原先用于训练人工智能模型的数据一起重新用于模型训练。比如，在某一段时间某个推荐系统可以满足业务需求，但随着用户数据的变化和增长，以及热点内容的变化，一段时间后该推荐系统的准确率可能会下降，进而无法满足需求，那么模型便需要重新训练。

4）监控系统用量指标。由于访问激增带来的压力或外在不可抗力（如设备硬件出现损坏、电磁干扰、摄像头镜头划损）等情况将影响系统的正常运行。这些外部因素会造成系统的服务用量激增或者断崖式降低。通过监控系统的访问延时、硬件资源使用的饱和程度、使用率、错误率等指标，发现有异常情况时及时通知相关运维人员进行修复。

2. 系统保底方案

除了监控之外，为了减少人工智能系统出现问题时对业务和服务的影响，还应设置异常情况下的保底方案，尤其是当落地的人工智能方案是部署在某系统中的一个环节时，因为如果人工智能部分出现了故障，可能会导致整个系统的不可用。比如很多引入推荐系统的APP、网站，由于推荐系统出现问题可能出现无推荐内容返回的情况。

“监控”更偏向于对服务“内部”的问题进行管理，“保底”更倾向于对系统“外部”输出呈现的结果进行优化，其整体如图3-16所示。

在设计保底方案前，我们需要先通过测试来看看系统可能出现哪些异常的输出情况，可用以下两种方法来发现：

1）非常规数据输入。改变输入数据中部分字段的格式、取值，或者输入明显与业务无关的杂项来看看人工智能的反馈结果是什么样的，是否会出现异常。

比如对于客服机器人，可以改变话术来咨询，和客服机器人的对话输入的是自然语言，自然语言想表达同一个意思可以有各种表达方式，看看是否能够给用户合理的答复，如果用户问的问题和场景无关或者不在可解答的问题范围内，可以通过一些引导来提示用户；再比如对于人脸识别，画上浓妆或者对面部进行一系列不同局部的遮挡，看看系统能否进行正确识别。

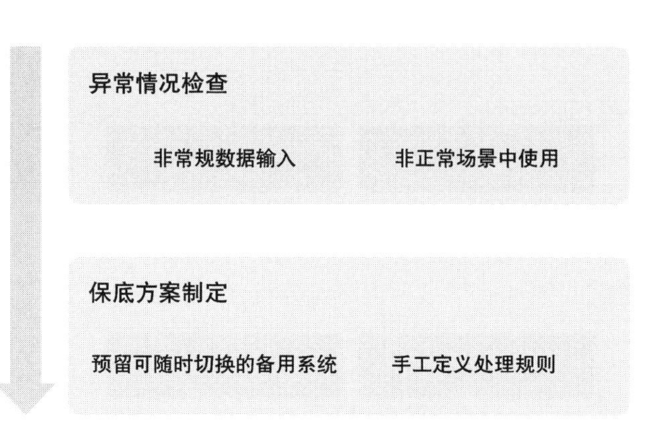

图 3-16　保底方案需要做的事

2）非正常场景中使用。人工智能产品或者解决方案的使用场景都是有一定范围的，难免在实际情况中会出现一些意外情况，比如在家里开着电视的场景下使用智能音箱，电视机和室内的声音可能会干扰语音控制指令的输入。在对应的场景下穷举可能影响人工智能正常运行的因素，然后在这些场景下对其表现进行测试。对于不符合预期的表现可以根据环境或输入设置规则进行处理或屏蔽。一般以图像或声音作为输入时，人工智能受到的环境影响会较多。

人工智能系统具有一定的不确定性，因此有些问题和场景在测试过程中难以被发现。“预留可随时切换的备用系统”和“手工定义处理规则”是有效处理异常场景的保底方法。

1）预留可随时切换的备用系统。当监控系统发现人工智能系统宕机或服务出现问题后，如果想要在不明问题的情况下，先恢复服务，那么在事故发生时可以直接将人工智能服务切换到备用系统，之后再对问题进行调试。同时预留的备用系统在主系统正常服务的情况下，可以进行服务的模拟和再训练。因此“双服务”系统的部署预留不是浪费资源的。

2）手工定义处理规则。在人工智能系统外部，对异常情况进行处理。在系统能够处理之前，需要制定预警机制，以发现潜在的位置情况和问题，及时预警告知，并且需要有对应的策略来防止意外发生。对于推荐系统无推荐内容返回的情况，可以引入随机性的推荐或热度推荐等和人工智能系统无关的推荐方式，作为保底方案以确保用户在访问网站、APP 的时候能看到内容，而不是面对空白页面手足无措。

3. 正确性验证

人工智能系统正确性验证的通过准则很难确定，比如，当我们通过生成对抗网络（Generative Adversarial Networks，GAN）[9] 来生成图像时，如何判定生成的图像质量和实际样本足够相似？我们训练的模型是否能够在真实场景中产生一样好的效果？在很多情况下训练准确率很高，但一到线上就不灵了，你的模型并没有看起来那么好，数据分布不一致、线上线下特征不一致都可能是导致这一问题的原因。所以当我们想要上线一个训练好的模型时，需要进行 A/B 测试来看看是否会有一些问题，无论是当人工智能系统上线时还是之后模型的更新时，总会有一些东西是你无法提前预料到的。

比如用人工智能将英文翻译成中文，需要按照设计好的交互方式来使用产品，对系统输出结果进行验证。需要预先准备好不在训练数据集中的输入数据作为测试数据，检验人工智能是否可以预测或者推荐合理的结果，是否符合我们的预期。既可以采用人工验证的方式又可以通过批量输入测试数据来自动完成测试。嵌入到系统中的解决方案在正确性验证上会更严格一些，因为涉及整个系统是否能够跑通。输入数据和输出数据的格式、取值范围、预处理的过程数据都要一一验证。

4. 性能验证

人工智能的运行性能也是保障用户体验的重要一环，系统的性能依赖数据，数据规模、数据质量、数据类别是否平衡都会影响系统的性能。系统性能验证需要看是否能够满足要求，如达不到速度要求容易影响用户的实际使用体验，因此运行速度、精度、响应时间等涉及人工智能接收用户请求并给用户返回处理结果的计算机系统完整处理链路的过程都需要测试，以确保服务的性能是符合预期的。还应频繁访问系统的请求接口，看看频繁请求是否会产生不符合预期的返回结果。

本小节开头提到由于数据和训练方式的问题，会导致人工智能产生“幻觉”，尤其依托于当下火热的、大量自然语言文本数据训练的自然语言大模型，偶尔会产生“非预期”的输出结果。

在大模型对话产品中，大模型在处理和记忆信息上，经常会在多轮对话中“遗忘”之前聊天的内容，进而对事实性结果进行“瞎编乱造”，甚至有时候人工智能会输出一些“不良内容”，这是因为“知识”整合到模型中受“上下文”提示内容长度的限制，同时也因为数据中存在“数据偏差”。那么如何让人工智能变得更加“严谨”，如何解决出现“幻觉”这种问题呢？下面我从人工智能工程实践角度给出一些建议。

首先，需要提高用于训练人工智能模型数据的质量。这是一个“老生常谈”的方法，需要注意的是对收集到的原始数据进行清洗和预处理的时候，应当尽量将我们不希望出现的情况排除，比如对敏感话题的谈论，或不符合社会价值观的内容。

其次，在对模型的设计上，可以通过增加模型的参数，加深模型的深度，或者增加正则化、Dropout（暂时丢弃神经网络单元）等方法来减少模型对数据的过拟合现象，让模型不要被数据“带偏”。同时也可以在模型外部引入“知识”，如实体识别、知识图谱等技术，来帮助模型更好地理解数据，从而让输出结果更加准确。当然为了确保提供的服务不会产生“不良内容”，也可以对输出结果整体设置“信息安全护栏”，当模型在讨论敏感问题、胡编乱造的虚假内容时，可以及时制止模型向用户输出内容。

最后，在模型的训练上，自然语言大模型是通过人类反馈强化学习（Reinforcement Learning from Human Feedback，RLHF）来指导模型的行为，我们可以通过这种强化学习方法，设置新的奖励机制，来让人工智能输出更符合人预期的答案。它是由人参与来对人工智能产生的行为、输出的内容进行反馈，人工来标注哪些是正确的、哪些是错误的，这些反馈被用作正面或负面激励，进而在学习的过程中不断进行交互和反馈，让模型逐步改进自己的行为策略，逐渐改善其输出结果，减少“幻觉”的发生。这种方法本质上是一种对学习过程的监督，是将人类纳入到学习训练的过程，鼓励模型更遵循人类的思维方式来输出结果，让人工智能学习人类的喜好、价值观等暂时无法由规则来衡量的标准。

3.3 To B：人工智能赋能企业

To B（To Business）即 B 端产品，是指直接面向商家、企业提供的服务或产品。人工智能行业目前是算法和技术应用的红利期，把人工智能跟某个产业、行业相结合产生联动效应，能够提高效率和生产力。几乎所有的技术革新都是从企业端开始的，因为企业追求降本增效，提高员工工作效率、企业生产效率的诉求强，并且企业端的场景需求相对单一、明确，如工业自动化流水线、客服机器人等。企业端累积了大量行业数据和用户数据，也为人工智能落地打下了基础。

3.3.1 B 端人工智能产品的形式

从企业的安全防护到权限验证，从提高企业生产效率到服务企业产品的用户、客户，我们在日常的工作中能够看到人工智能落地的各种形式。比如具备人脸识别功能的门禁摄像头，让员工不必担心忘带或丢失门禁卡；再比如企业的客服机器人，缓解客服人员的压力，处理用户的常见咨询……在各式各样的落地场景中，我们可以发现人工智能在企业端落地的场景主要分为以下三种。

1. 非创造性质的劳动场景

创造性质劳动工作往往是随人的主观想法而产生不同的理解，并且根据设计者的经验和理解程度输出不同的内容，如产品外观设计、系统架构设计等；非创造性劳动是指按照指定的逻辑、标准、规则可以执行，而不随劳动者的经验和理解而变化的劳动场景。在非创造性质的劳动场景中可以通过落地人工智能来提高人的效率，或执行标准化的任务。比如工作中常见的会议记录，通过人来记录会议内容可能会由于人的注意力难以长时间集中而出现遗漏，并且会议记录人作为一个记录者也没办法充分参与会议讨论，尤其由于异地远程办公影响，线上会议已经很普遍。通过人工智能翻译技术，不仅可以将不同人的讲话内容翻译成文字进行记录，还能够识别并区分不同的讲话人，完整记录每个人的讲话内容，方便未参会者查看和进行会后的总结工作。

人的创造性工作也包含了部分非创造性质的工作内容，这部分工作内容也可以通过人工智能来辅助，在这种场景下，“人机协作”，人工智能落地的形式类似于一个工作助手。比如在写作过程中根据写作内容推荐素材，或提供错别字修改等功能，经由创作者二次确认即可完成输入，代替了原先人为搜集素材和内容校准的环节。

2. 存在重复性质的劳动场景

存在重复性质的劳动场景往往也是非创造性质的，但非创造性质不一定存在重复性质工作。重复性质工作往往依托于某种判断规则，把不同环节串联起来，帮助工作任务完整、高效率地执行，非创造性质的工作场景往往是提供创造性质工作的辅助环节，前者侧重于“串联”，后者更侧重于“辅助”。机器可以将重复工作中人的劳动过程还原成数据和物理执行单位，再通过机器学习来掌握其中的执行规则，进而将人从重复性质的劳动中解放出来，以便专注于创造性质工作。

比如利用人工智能对图像、语音的处理功能，从摄像头、麦克风、机械臂等设备输入中提取所需要的信息，并利用这些信息自动化处理业务；再比如在工厂生产线上利用摄像头对产品质量进行检测，并将残次品通过外接的机械装置从生产线上剔除。人工智能用图像识别技术代替人眼的识别过程，这需要企业多年累积的图像数据及其标注数据对人工智能模型进行训练，需要将每一个用于训练的图像标注为良品或者次品，之后通过卷积神经网络等用于图像识别的模型训练。在其他类似的场景（如手工信息录入、自动化身份认证、生产环境监控预警等）通过人工智能对企业内部的生产工具进行升级，替代有重复性质的、非创造性质的劳动。

3. 依赖专家经验的分析场景

人工智能擅长从数据之中发现规律，挖掘得到有价值的内容。企业多年的经营沉淀了很多经营相关数据，尤其是在互联网公司。如果人为从数据中发现规律来提高企业经营状况，则是困难的，并且依赖数据分析师多年的工作经验，门槛高，当数据量级达到一定程度时，人为分析也行不通。机器擅长处理大量的结构性数据，辅助工作人员进行决策判断。比如帮助商务人员从企业累积的客户留言中发现销售线索，或者从企业销售数据中发现产品之间相互关联销售的规律，来为用户进行相关产品推荐。

互联网技术改变了企业信息的流转方式，在线化、数据化、信息化是主要的趋势，人工智能则会加速信息的处理效率和流转速度，辅助或替代企业的部分劳动力。面对企业的需求，人工智能赋能企业的主要产品形式有以下三种：

1）各场景下的流程自动化解决方案。替代手工劳动，通过人工智能技术将多个环节串联，提高工作的自动化程度和效率。这类产品或解决方案需要和企业现有系统整合，其中人工智能系统通过理解图片、文本、语音等数据，来连接不同的工作流程，实现流程自动化。如发票报销系统、保险核保理赔等就是这类产品的典型场景，在提升用户体验的同时，提高了企业的运营效率。

2）辅助数据分析，给决策者提供参考。整理、分析、挖掘数据，提炼数据中隐藏的信息，并可视化呈现出来，为企业决策提供支撑。对于数据的分析应用，需要满足如下几个基本功能：

一是对比。既包括宏观上的数据整体对比，又包括具体数据项的细粒度对比，以发现变量之间的关联关系及其中存在的变化。

二是洞察趋势。比如对电商、新闻 APP 中的用户画像，分析用户潜在需求，在数据中发现趋势；也可对数据中的异常点进行分析和预测。

三是观测数据分布。对目标数据的整体分布进行分析，如发散或集中度，中间值或者某个占比的数据集中度等，观测分布能够了解数据的稳定性和集中度，常用于舆情监控、客群需求洞察等数据分析场景。

3）企业的用户端产品解决方案。用于给 To C（To Customer，面向消费者）企业提供人工智能解决方案，最终服务于使用产品的用户，通过 API、SDK 等方式对接企业的客户。比如对于美颜类型 APP 来说，通过高精度的人脸关键点识别，精确捕捉每一个面部器官，通过滑动控制条就可以实现对眼睛、鼻子、嘴唇、下颌的全方位精确“调整”，这类 APP 产品往往会采用人工智能公司提供的成套的“面部关键点识别”解决方案，将其嵌入自己的产品，实现美颜功能。

3.3.2　企业落地人工智能的前提条件

3.2 节介绍的落地“五步”，是指在具体的场景之中落地人工智能，在第一步“定点”前，还有一些前期工作需要完成，这些工作帮助我们构建在场景中落地人工智能的三个初始外部条件，如图 3-17 所示。

图 3-17　企业落地人工智能的前提条件

1. 第一，数据规范化

企业在建设信息系统时，目标并不是在某些具体场景落地人工智能，大部分是为了统计和记录、让数据可查、可追溯。所以数据不统一、数据混乱或者不标准化的情况很普遍，对于面向某个人工智能具体落地的任务，需要将涉及的数据进行整合，基于监督式学习的人工智能场景，还需要对数据进行人工标注（除非存在类似 AlphaGo 的下围棋场景，有既定的规则来告诉机器明确的优化方向，这样可以通过“强化学习”来对人工智能进行优化）。

2. 第二，行业知识

在具体场景中落地人工智能，“行业知识”是非常重要的，这些知识依赖从业人员多年积累的从业经验，虽然这种总结规律的工作是烦琐的，但确实是必不可少的。行业知识可以加速人工智能的落地并帮助解决很多问题。

首先，“行业知识”可以辅助对行业数据进行分类，打标签，“有多少数据就有多少智能”，人工智能在具体场景中是从训练数据中学习从业人员的行业知识，从数据中学习规律；其次，通过“行业知识”形成的规则系统，可以对训练好的模型效果进行评估，看看训练出来的模型是否“能用”；最后“行业知识”还可以作为系统的保底方案，当人工智能系统出现异常时，使用“行业知识”制作的规则系统，可以确保场景任务的执行和验证不至于完全被搁置，减少企业损失。

3. 第三，硬件准备

这里主要是指人工智能计算需要的计算资源，很多人工智能模型计算需要依托高性能、高并发的计算资源（如 GPU），大部分现有的服务器并没有专门用于计算加速的芯片，这样会使人工智能计算的速度慢，无法达到使用要求，尤其是对于依靠“深度学习”相关算法落地的应用场景（如人脸识别）。尽管通用型 CPU 也可以被用于处理机器学习算法，但却无法提供必需的大规模计算性能，再加上随着硅芯片工艺几何尺寸的演进导致单位晶体管的成本也在上涨，从而使得 GPU 等专为机器学习计算优化过的协处理器成为必需品。

人工智能系统通过以下两种方式融合到现有的计算资源中：

一种是在企业现有的计算基础设施上，引入并运行人工智能模型，这对计算机 GPU、CPU、内存和硬盘配置都有较高的要求；另一种是单独提供人工智能运行的服务环境并通过与现有的计算资源通信来提供服务。人工智能系统和企业现有系统分开部署，人工智能作为类似外接的服务设备，减少了兼容性等相关的问题对企业内服务运行的影响。

特定的解决方案还需要配置其他的硬件资源，比如对于给工业机械臂定位的视觉方案，还需要摄像头作为主要的图像输入的采集设备。在这三个前提条件具备后，按照 3.2 节介绍的落地步骤，把算法模型包装成你需要的解决方案。

3.3.3 人工智能赋能企业的关键点

做企业算法服务的人工智能公司成功的关键在于**“能否帮助客户企业在业务中深入解决企业存在的问题”**，并且需要人工智能服务是可解释、可监控的。在落地的过程中，有以下几个关键点：

1. “诊断”企业中的真正问题

人工智能赋能企业时，需要对当前工作或业务场景进行精细拆解，找到能够显著提高效率的关键节点，用人工智能提高操作的效率，替代手工复杂的步骤，而在企业中有些环节虽然可以通过人工智能来自动化完成工作流转，但由于环节的特殊性，需要人来进行操作，以确保信息同步和可审计。比如企业中的报销环节，有很多相关人的审批流程，但这些流程的意义在于让各层级相关人来确定报销的合理性和报销归属，因此这些流程是不能够被省略的，而在该场景下手动填写报销项目和金额就是明显的低效环节，因此就如 3.2 节所述，在这个环节中用人工智能来进行项目和金额的识别和填写。

2. 评估和治理数据

有没有和待落地场景相关的业务数据？如果有数据，这些数据的质量怎么样？哪些数据是跟场景相关的？是否缺数据？如果缺数据，这部分数据可不可以通过外部采集，或跟其他的应用、产品进行连接后获得？

这些都是在数据评估阶段要考虑的问题，在 3.6 节中，我将展开讲解数据评估的方法。

3. 算法需要具备可解释性

不同的场景对人工智能可解释性的要求是不同的，尤其是在企业之中，做事情需要有所依据。一是对容错率的考量，有的企业场景中，容错率很低，比如涉及人身安全，0.001% 的意外都是无法接受的；二是可解释性也让人工智能系统运行出现问题时，能够被及时发现，这样就算有意外情况发生也能够及时止损、修正、复盘。

4. 需要兼容“古老”系统

当设计好落地方案后，如果在准确率、运行速度等方面满足了场景需求，这时就需要考虑如何跟现有的系统进行整合，原先的系统是通过 API 调用的方式或者 SDK 嵌入的方式使用吗？部署时需要的环境是什么？和系统的其他部分是否存在兼容问题？这些问题是人工智能落地部署时需要回答的。

5. 围绕评估指标不断优化

很多人会有一个误区，认为人工智能系统部署好之后，就可以带来预想的效果，并帮助企业完成智能化升级。但人工智能产品需要一定的数据量和时间进行不断优化，不能过高期望系统从第一天开始就为你提供合理的建议和帮助，除非是引入外部成熟的解决方案。因此需要建立后续的数据积累和效果反馈的流程，让系统能够从实际落地的场景中进行优化。具体优化参考的评估指标将在 3.5 节展开说明。

6. 实施、接入门槛低

很多人工智能公司在为企业客户落地人工智能时，经常由于实施部署的周期过长而令客户失去耐心，这往往是由于对企业的数据、服务器版本和运行环境不够了解以及客户对落地效果预期没有维护好等问题导致。如何降低实施、接入的门槛，在企业客户兴趣强烈的时候尽快进入体验、试运行的阶段是非常重要的。从具体操作层面来看，可以注意以下几点：

1）减少客户接入的操作成本。这里主要是指需要客户以开发者接入的部分，比如有的公司提供SaaS（Software as a Service，软件即服务）化的产品来让客户自己接入系统，具体操作如果能通过复制加粘贴代码进行接入，就不要让客户以开发者编码开发来接入，并且需要提供明确的指引步骤，以防止接入过程中出现状态不明、卡顿而导致客户流失。

2）减少客户的等待时间。数据处理和模型训练阶段，涉及大量等待时间，这两个阶段最好不要和部署同步进行，而是在部署前通过专人驻场处理等形式完成，不阻碍企业客户正常工作的进行。

3）减少低级错误。比如有的客户是在内网部署系统，提前需要准备部署环境的安装包，并在和客户环境尽可能一致的场景下测试"跑通"整体流程，以防止当问题出现时需要不断调试和查问题。

3.4 To C：打造用户喜欢的人工智能产品

To C即C端产品，是指直接面向个人用户提供服务的产品，对于C端产品来说，人工智能落地有着各种各样的问题。如主打家庭服务相关的聊天机器人，大部分只是一个讲故事的机器，落地场景没有刚性需求，内容单一，功能雷同；好玩的图像类应用，如大起大落的"ZAO"换脸APP，让你通过上传脸的照片来制作有趣的短视频，但存在泄漏隐私的风险；相比之下还有语音相关的产品，如语音助手，实际上算法可以用你的几句语音输入来制作一个和你的语气、语音、语调一致的机器人，这不免让人产生信任危机。

3.4.1 C端产品中人工智能应用的三种形式

C端产品目前还处在摸索用户需求和教育市场的阶段，抛开用户对产品理解的偏差，人工智能在 C 端产品中主要有以下三种形式的应用：

1. 挖掘用户个性化需求

人工智能为从产品 / 服务到用户之间搭建了一条“快车道”，如用户画像、推荐引擎。

C 端产品往往满足了用户某种特定的需求，如点外卖、看新闻。随着互联网行业的发展，商品、服务、信息爆炸式增长，严重过载，人工智能可以根据用户的浏览行为、依托用户的行为数据进行用户画像和喜好分析，来挖掘和筛选用户感兴趣的内容。比如微信公众号上有越来越多的未阅读信息，导致用户获取有价值信息的成本增加，对获取信息的有效性、针对性的需求也就出现了，因此推荐系统等落地场景应运而生，通过需求的预测和匹配，来提高用户找到所需商品、服务、信息的效率。比如 Pana 公司通过用户的喜好和行为数据，让用户找到住宿、交通和餐饮方面的信息，为客户推荐餐厅，提供预订机票、酒店、租车服务。这种场景下用户喜好的描述很难通过文字来表达，通过图像或者根据用户的历史行为进行推荐，能够让用户更简单地表达需求。

2. 降低创作类内容的制作门槛

对于电影后期制作、电影修复、艺术图片生成等创作类内容的制作场景，人工智能能够辅助创作者减少内容制作的时间，来自动完成其中的部分工作。人工智能也能够让用户来创作艺术作品，比如简单几笔绘画，通过数以百万计艺术图片训练得到的模型可帮助你实现自动涂鸦；再比如人工智能可以让用户通过描述心情以及音乐时长，来自动生成音乐。人工智能可以辅助降低艺术创作的门槛，那些心怀艺术梦想的普通用户也可以借助人工智能进行尝试。目前人工智能无法创造出全新的作品，其创作是受限于训练数据，是基于千百年来沉淀的艺术作品来做艺术的混合创作，无法突破人类艺术所达到的水平和高度。

3. 提供新的交互方式或玩法

人工智能在语音和图像上的突破可以给产品增加新的交互维度，实现原先无法被满足的场景需求，比如在驾驶车辆的过程中，识别语音指令可以帮助司机解放双手，全语音操控可实现接打电话、收发信息、切换导航等功能；而在办公场景下，人工智能可实现对语音材料的转换文字、提取文字摘要、关键词检索等功能。语音和摄像头作为信息、指令的输入方式，更加安全并且贴近人与人之间的自然交互方式，给用户带来便利的使用体验。比如电商网站的“以图搜图”系统，让用户通过拍照或者上传照片，找到照片上的产品或者相似产品，这种输入方式要比手动输入文字更加方便、快速，所见即所得。

3.4.2 识别 C 端人工智能落地需求的真伪

由于人工智能的火热，很多公司都套上了人工智能的外壳，各式各样的“伪”人工智能产品越来越多，在很多并不需要人工智能的场景中，硬生生地套用了相关技术。C 端产品，只有深入具体场景，了解用户、深挖场景中的需求，切实解决原本技术无法解决的问题或者提供更加便捷的交互体验，才能够实现真正落地。我们希望“人工智能”帮助我们满足一个个真实存在的需求，而不是用“人工智障”给自己添堵。

比如曾经有个传统的空调生产商，希望给它们生产的空调增加人脸识别技术，通过识别使用者的年龄来调节温度。当老人进来的时候，空调自动调节到 26℃，只有年轻人的时候，温度调整到 20℃，自适应温度动态调节。但这种场景其实是人工智能落地的伪场景，通过一个遥控器就能解决问题，同时也没有考虑场景中的其他因素，比如摄像头没有识别到人脸怎么办，是否开启空调？再比如若年轻人生了病，20℃的室温是否合适？

还有的场景看似适合人工智能落地应用，但却有更简单、成本更低、更适宜的实现方法，比如在酒店中通过引入智能引导机器人来帮助客人快速找到与他们的住宿有关的信息，减少酒店接待员的工作量，这看似是一个非常有价值的场景，但其实 90% 以上的客人的问题是以下三个：

“早餐是几点到几点？”

“房间的 Wi-Fi 密码是多少？”

“退房时间是什么时候？”

在这种情况下，只需要通过一个平板电脑或者显示器就可以提供这三个问题的解答，解决 90% 以上的客人的问题。剩余 10% 的问题都是非常个性化的，比如“酒店是否提供接机服务”等。如果通过“人工智能客服”，以对话的方式来满足用户需求，一来用于训练“人工智能客服”的语料可能会严重不足，难以得到效果好的模型，也就无法通过这种方式来回答这些问题；二来人工智能需要花时间和精力来逐步完善模型效果，需要数据的反馈和迭代才能达到足够落地的程度，有的可能需要几个月甚至更长的时间，这样的话，短期内用户的体验可能会很不好。这些遗留的问题不如交给工作人员解决，那将是更有效的做法。评估 C 端产品是否适合落地人工智能可以通过 1.2.3 小节介绍的内容来判断。

除了识别“伪场景”外，人工智能可能出现各种各样的“人工智障”。比如在十字路口通过摄像头识别行人，有可能会将广告牌上的广告人物当作识别对象，对交通情况进行错误的判断；再比如当用户对个人语音助手表达“推荐一个有好吃的的地方”时，语音助手反馈说：“没找到一个叫‘好吃的’的地方。”这些让人啼笑皆非的“人工智障”非常影响用户体验。如何避免产品中出现“人工智障”的情况呢？可以从以下三个角度考虑：

1. 记录用户规律性的操作

每个用户在日常生活、工作中，能呈现出来一些规律的事项，这样在给用户推荐内容的时候，如果能够按照用户自己的规律进行推荐，就可以给用户带来便利。比如打车软件，用户最常打车的地点就是从单位到家以及从家到单位，可以结合时间、地理位置信息给用户推荐；再比如用户每个月都会去某菜系的餐馆吃一次饭，当发现用户长时间没有去的时候，就可以给用户推荐相同菜系的餐馆。

2. 通过场景、环境信息来辅助人工智能理解用户的需求

比如地点、时间、工作安排等信息都可用来辅助判断用户的需求。当用户想订机票的时候，可以根据用户的输入以及地理位置判断意图。当用户表示想要订机票的时候，会有很多种不同的表达情况：

“订一张下周去上海的机票。”

“下周要去上海出差，帮我查一下机票。”

“下周要去上海，看看航班信息。”

……

自然语言表达同一个需求的组合方式有很多，都是在表达“下周”“订机票”“去上海”的意图，但对于机器识别来说，要理解这么多种表达方式，确实是个挑战，比如“帮我退订去上海的机票”，这里面也包含“订机票”三个字，但意图却明显不同。机器要听懂人的意图，首先就需要准确无误地识别用户的指令，如果用户的日程表中，原本安排下周在上海的工作发生了变化，就可以知道用户这时候需要“退订机票”。当用户输入“打车去飞机场”，如果可以识别到用户目前是在上海，就知道用户不是打车去北京的机场。

3. 引入常识信息

如果发现用户的当前操作“违背常识”，比如当用户打车时的出发点与当前 GPS 定位的地点相差较远时，或者用户预订从 A 地点到 B 地点的火车票的时候，出发地点和用户当前位置有偏差，都应当提醒用户是不是弄错了。通过引入

规则库或者知识图谱，手动添加这些常识规则，有的时候可以大大提升用户体验，并且减少“人工智障”。有一个说法是“有多少人工，就有多少智能”。比如输入法有一个很好的功能就是它有热词词库，可以同步一些热词、热门人名、地名等，这些词都是运营人员手动筛选或通过算法挖掘得到，并添加到热词词库里面的。

3.4.3 C 端人工智能产品的设计原则

除了需要避免引入“伪场景”和消除产品中的“人工智障”之外，还应该关注哪些设计原则才能更好地在场景中落地人工智能？以下五个原则可以辅助你设计出更好用的 C 端人工智能产品。

1. 用人工智能给产品营造“新鲜感”

营造“新鲜感”主要是因为人工智能运行结果具备一定的不确定性、随机性。由于用户输入数据和环境因素不同，人工智能能够从两个层面给产品增加“新鲜感”：

- 对展示内容引入一些随机成分，让用户每次看到不同的内容，拓展用户喜好的边界；
- 可以利用不确定设计一些让用户“玩”的内容制作场景，这种新鲜感给用户营造“探索”的体验，增加用户的黏性，并且也会给产品带来附加的传播价值。比如在创作类型的应用场景下，人工智能能够显著降低用户的创作门槛。创作类内容有四个大类别：文字、图片、视频、音乐，人工智能可以在很多场景中辅助用户进行创作，比如通过艺术风格迁移来创作艺术照片，在你的照片中加入凡·高式绘画风格；再比如通过简单的操作创作音乐旋律等，让不具备专业技能的用户能够轻松制作出好玩的作品，这种艺术的生活化和娱乐化将带给用户全新的体验。

2. 多模态交互

“多模态”是指多种感官的融合，包括视觉（图像）、听觉（语音）、触觉等让用户和人工智能建立连接，让机器能够更加了解用户的操作习惯，这也更符合人和人之间自然的交互方式。智能家居、自动驾驶等场景，多维度模式的交互也可以更好地重构人和周边环境之间的关系。比如对于手机上的 APP，人工智能会让原先“手动操作”的模式发展成“主动提供服务”的模式，这时，只需说一句“我饿了”，APP 马上就可以根据口味和身体状况提供餐厅和菜品选择；再比如对于家用管家机器人，仅仅具备点播歌曲、天气预报、辅助订票等功能是不够的。我们需要有人工智能加持的机器人具备主动提供服务的能力，当看到有人即将走进厨房时，能够自动打开厨房灯；当看到主人休息时，能够适当调节室温，并且根据用户的生活习惯进行适应和学习。

3. 提供即时反馈入口和解释原因

在用户使用人工智能产品时，我们需要不断收集用户的反馈来对人工智能运行效果进行优化，收集用户反馈的最佳时机就是在人工智能根据用户输入给出运行结果时，这时候用户是最明确本身输入的意图并期望人工智能能够根据输入给出执行的动作。比如我们常见的推荐系统，当用户输入了一个想要购买的商品类别，用户期望能够根据个人喜好给出精准的推荐结果。如果推荐的内容用户喜欢，则会进一步点击查看或添加购物车；当用户对推荐结果不满意时，如果有“喜欢”“不喜欢”的按钮来收集用户明确的反馈，则会非常有利于对算法进行优化，让用户主动参与人工智能反馈学习的过程中；如果反馈不够及时，比如在这种推荐场景下收集用户反馈是通过时间相对滞后的调查问卷，那么会失去最佳的反馈时机。随着时间的推移，用户难免会遗忘看到推荐结果后的第一反应，并无法对每一次不够好的推荐结果进行逐一反馈。

4. 增加“开始按钮”

现阶段的人工智能产品，有时候可能隐藏得太“深”了，让用户感受不到如何正确使用，因此需要增加“开始按钮”/“停止按钮”来让用户直观感受并能够控制人工智能的“开始”/“结束”。如今在算力满足的情况下，人工智能系统处理任务在不知不觉间即可完成，这样很容易让用户感觉不到人工智能存在带来的改变，甚至觉得场景下有无它没什么区别。就像在刚才描述的推荐场景中，用户无法判断给出的推荐结果是基于简单的规则，还是通过人工智能进行推荐的。在这种场景下，“开始按钮”不是我们在使用硬件产品时的明确触发按钮，而是通过给推荐产品附上对应的推荐原因来让用户感知的，并能够更容易获得用户的信任。“开始按钮”的存在也可以带来引导用户正确使用、培养用户使用习惯的好处。

“开始按钮”的形式可以是明确的功能启动按钮，或者人工智能运行结果的解释，这二者都能够对用户提示“目前系统在运行人工智能算法为你提供服务”；“开始按钮”也可以是更加拟人态的交互方式，比如最常见的语音交互。在用户询问语音助手某个问题的时候，如果语言助手无法确定用户的需求，遇到知识盲区，“我不知道这个词的意思，可以教教我吗？”就要比“我没有听懂”更加拟人化，能够产生更好的使用体验。

5. 聚焦使用场景

人工智能本身是计算机指令的执行，需要准确描述输入、输出和使用流程，因此场景越大、越不聚焦，在设计人工智能时没考虑到的特殊情况就越多。人工智能服务的精确度要比它所覆盖的场景的广度显得更加重要。产品训练过程中最好针对特定的场景采集数据进行训练，得到的模型也只应用于特定的领域。如果一个人工智能产品服务了100%的用户使用场景但带给用户的是50%的准确体验，是远不如只提供50%的服务场景但带给用户100%的体验让用户更加满意。比如家中的智能管家，当你问了它 20 个问题，它只回答对了 10 个，在体验上你一定会觉得它不够“智能”，但如果 20 个回答都正确，就算它只能帮助你完成资料查询、歌曲点播这些特定的功能，带给你的信任感也会大大提升。

3.5 评估人工智能落地的方法

并非每个使用人工智能的人都是算法工程师，大部分人是看不懂模型训练过程中的很多数据指标、优化“曲线”的，而恰恰是这些“看不懂”的大多数人，才是人工智能落地的实际使用者，“不清楚如何评估人工智能”“不知道如何衡量人工智能落地的价值”也是阻碍人工智能落地的原因之一。

了解如何场景化评估人工智能落地的另一个好处是能够从实际场景、多维度挖掘其价值。“准确率”“召回率”等指标是计算机学科对算法的评价指标，用于评估模型和算法对数据的训练和拟合程度。除了这些指标外，引入和落地场景相关的评估方法可以帮助决策者判断人工智能落地的价值。在企业中很多做决策的管理人员无法从技术指标上理解人工智能在场景中起到的作用，他们大多数懂业务，但不懂人工智能，因此需要通过结合场景的评价方法让他们能够理解人工智能在业务中起到的作用，可以看到在业务中落地带来的好处及生产力的提升，更直观地为决策者提供判断人工智能价值的依据。

可以从能力指标、场景覆盖度、使用效能、系统性能、经济性这五个角度评价人工智能技术的落地。

3.5.1 能力指标

能力指标主要是通过测试数据直观衡量人工智能算法模型的能力。对于不同算法，具体的能力指标会有差异，下面我介绍一些在大多数的场景和任务中常见的能力指标，如图 3-18 所示。

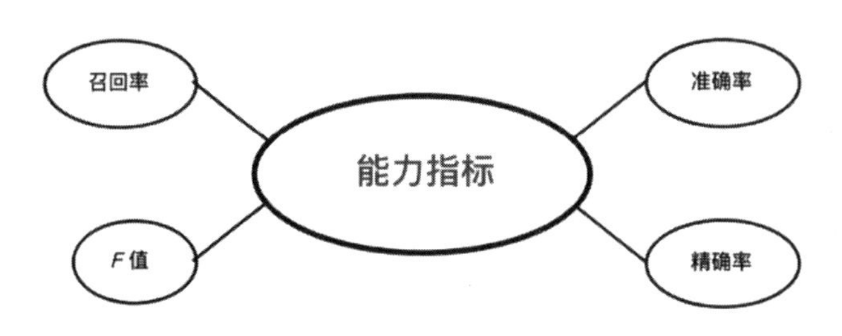

图 3-18 评估人工智能能力的指标

1. 准确率

这是用来衡量测试数据中人工智能识别正确的比例。比如在“工业质检”场景中，需要将 100 个零件分为“合格”和“不合格”两个类别，其中 80 个零件和人工审核结果一致，分类正确，那么准确率就是 80%。通常来说，准确率越高，分类、预测等场景下人工智能识别的性能越好。

2. 精确率

“精确率”和“准确率”的区别在于精确率关注具体类别中判断正确的情况，而准确率是看整体，即所有人工智能预测对的情况占整体的比重。比如当人工智能识别为“合格”的零件一共有 50 个，其中 30 个是“合格”的零件，而另外 20 个是“不合格”，由于识别错了而被放在了“合格”里面，在这种情况下，精确率就是“30 除以 50”，为 60%。

3. 召回率

召回率在有的场景中又被称为“查全率”，是指属于目标类别而被成功识别出来的比例，主要用于分类、检索等场景。在刚才的例子中，这 100 个待检测的零件中有 60 个是“合格”的，有 40 个是“不合格”的，其中召回率只针对这 60 个打了“合格”标签的零件，它们中被人工智能识别为“合格”的有 48 个，那么召回率的计算就是“48 除以 60”，为 80%。召回率衡量了系统识别的覆盖面，召回率越高，越不容易产生遗漏。

上面两个指标经常被用在一起，如图 3-19 所示。

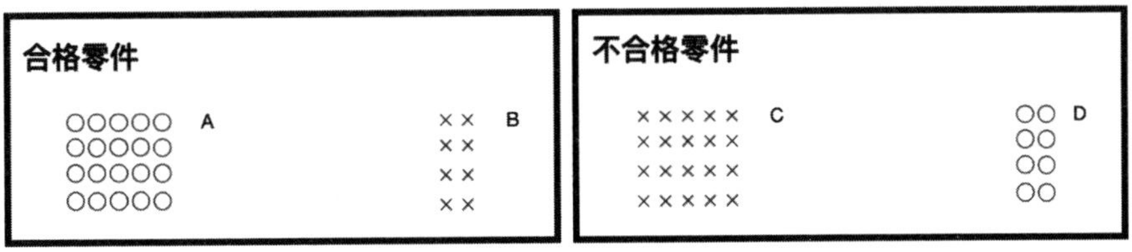

图 3-19 示例——零件良品识别

图 3-19 中，“圆圈”代表“合格零件”，“叉”代表“不合格零件”，零件堆旁边的“ABCD”代表每一部分零件的数量，比如“A”代表合格零件被正确识别出来放到了“合格零件”盒子里面。从图中我们可以看到，有的零件被分到了错误的类别之中，在这里我们可以计算一下准确率和召回率指标，如表 3-2 所示。

表 3-2 零件良品识别指标和计算方法

指 标	计算方法
准确率	(A+C)/(A+B+C+D)
合格零件的精确率	A/(A+B)
合格零件的召回率	A/(A+D)
不合格零件的精确率	C/(C+D)
不合格零件的召回率	C/(B+C)

有时候，精确率和召回率是相互矛盾的，比如我们看一个极端的情况：在用户搜索场景中，我们只返回一个推荐结果，如果这个结果恰巧是用户需要的，那么精确率就是 100%，但是在庞大的内容库里面还有很多用户想要的内容没有被召回，因为搜索结果只有一个，因此召回率就很低。这个时候就需要一个综合指标：*F* 值。

4. *F* 值

如果精确率用 P 表示，召回率用 R 表示，那么当二者所占比重一致时，

$$F = 2P \times R / (P + R)$$

这是一个关于精确率和召回率的综合指标，在工程实践中，经常被用于评价搜索、推荐等场景中算法的表现。精确率和召回率是互相影响的，在理想情况下，肯定是两者都高，但是一般情况下精确率高、召回率低，精确率低、召回率高，如果两者都比较低，那就是算法或者计算方式出了问题。

单一指标较高只能从一个方面说明算法的有效性，实际评估还要结合场景需要，否则无法准确衡量人工智能落地效果，比如我们可以通过下面一个医疗方面的例子来看看。

因为这个例子需要，我再补充三个概念：

1）阴性、阳性。阳性一般代表所检测的病毒是存在的，阴性则代表着正常，对检测剂无反应，可以分别理解为数据样本中的“正例”和“负例”。

2）敏感度。系统诊断阳性的能力，敏感度越高，越不容易漏诊（有病患但未识别）。

3）特异度。系统判断阴性的能力，特异度越高，越不容易误诊（无病患但被错误诊断为有病患）。

我们总是希望漏诊和误诊都越小越好，但在任何系统中，都需要找到一个平衡点，因为对系统诊断要求越高，越要牺牲整体诊断判别的效率。牺牲敏感度会导致系统出现漏诊，使得检查达不到目的；而追求高敏感度则会因为治疗没病的病人而浪费了医疗资源。如果使用一般的工程中常见的指标，比如“准确率”“精确率”“召回率”，我们可以发现，“准确率”和“精确率”这两个在

工程中常用的指标会严重依赖于数据样本，和样本中“阴性”“阳性”的比例有关。

比如测试样本中有99个“阳性”，1个“阴性”，这个时候如果设计的系统对所有的输入判断结果都是“阳性”的话，此时用“准确率”和“精确率”计算出来的结果都会是“99%”，但是在医疗指标上能看出系统是多么不靠谱，系统的“敏感度”为“99%”，但是“特异度”为“0%”。也就是说，我们做出来一个“敏感度高、特异度低”，或者是“敏感度低、特异度高”的系统是非常容易的，仅仅是依靠工程上的指标而不结合场景来评估人工智能是没有意义的。在很多人工智能公司公关软文中提到，“准确率超过99%”“精确率超过98%”，这样的数字可以通过调整数据中“正例、负例”的比例很轻易地做到，不用为此感到神奇。

不和场景实际相结合的人工智能，数据再好看也不好“用”。就好比“立体几何”学得再好，如果考试考的是“微积分”，同样可能考不及格一样。这样的例子在其他行业之中也是存在的，不仅仅存在于医疗领域。

不同场景下对统计指标的优先级是不一样的。如果是在搜索或者推荐的场景中，就需要优先保证召回率，在召回率满足使用体验的情况下逐步提高精确率；如果是在病毒检测、垃圾检测等识别目标要尽量减少识别错误的情况下，应该优先确保精确率，之后再逐步提高召回率。

3.5.2 场景覆盖度

在人工智能落地的场景中，很多情况下，人工智能算法是用来优化场景中某一个具体环节的效率和能力的。场景覆盖度越高，人工智能对于该场景的作用越大，整体系统的自动化程度就越高。我们可以用场景覆盖度横向对比不同人工智能方案对场景的作用。

“场景覆盖度”用来衡量落地环节在场景中所起到的作用大小，可以从“环节覆盖度”“功能覆盖度”“用户覆盖度”三个方面衡量。

1. 环节覆盖度

这是指在场景中人工智能能够完成的环节在整个场景下所涵盖环节的比例，“环节覆盖度”越高，整个场景下机器自动化的比例就越高，需要人参与的环节就越少，整体场景的执行效率也随“环节覆盖度”的增长而提高。除了用户需求输入和输出环节外，成熟的人工智能解决方案会将场景下其他环节通过机器和人工智能来串联，自动完成所有的操作步骤。

比如在流水线给设备拧螺丝这个场景，可以分为选择螺丝（合格零件识别）、位置定位、拧螺丝、检查安装情况四个环节。在上面的例子中，人工智能用来对合格零件进行识别，那么这个视觉识别的解决方案，在场景中的“场景覆盖度”就是 25%；如果视觉摄像头安装在机械臂上，除了识别合格零件外还可以对机械臂的位置进行定位，那么“场景覆盖度”就提升至 50%。

2. 功能覆盖度

从算法的角度来看，单独的算法一般只能处理一种数据类型作为输入源，来解决一个具体的问题，比如图片分类。但场景中封装的人工智能解决方案一般都会包含多种算法，解决场景中的多种问题，比如智能机器人既需要拥有视觉识别功能，又需要对声音指令进行识别。在同一个完整场景中通常也包含了多个功能点的需求，因此人工智能覆盖的功能越多，对场景也越有价值，也越容易被用户选择。

当一个公司要引入人工智能解决方案时，能够解决的问题越多越好，这样就不需要为场景中的其他任务独立选择解决方案，同时也省去了不同方案之间适配的问题。比如某公司安全监控，功能性需求包含了员工异常行为监测、违规物品识别、物品是否放置在有安全隐患的区域、人脸识别，这些功能都是在摄像头视觉检测这一场景中，当你的解决方案只能识别违规物品时，功能覆盖度就较低。

3. 用户覆盖度

用户覆盖度是指人工智能落地的领域中有多少潜在的用户，比如对于公司而言，则是对应多少个岗位、多少名员工，人工智能往往解决的是针对某一种特定类型用户在特定场景下的问题。人工智能解决方案能够覆盖的用户越多，产生的潜在价值就越高，当解决方案只能覆盖目标用户中很小的范围时，用户基数的缺失很难引导决策者购买和使用人工智能产品。

比如我曾针对企业的开发者提供人工智能辅助编程产品，来帮助开发者检测编写代码中潜在的 bug 和兼容性风险。对软件开发来说，不同的编程语言天然地对“写代码”场景进行了区分，比如“Java 语言”“Go 语言”“Python 语言”，人工智能辅助编程能够覆盖的编程语言越多，那么企业中能够实际使用它的开发者就越多，用户覆盖度也会随之增加。

3.5.3 使用效能

“使用效能”用来对人工智能落地后带来的价值收益进行评估，可以从时间、工作量、核心场景指标三个方面来衡量。

1. 时间

人工智能助力提速多少，提高了多少效率。

例如，人工风控需要 10 分钟才能完成对一个贷款用户的审核，这无疑会直接影响企业每天能够处理的业务量，有多少风控人员就能做多少业务。通过落地智能风控，如果算上审核环节大概 2 分钟就可以完成审核，这样从时间角度就提升了 400% 的效率；除了提高效率角度外，还可以用节省的时间占原先时间的比例来描述。人工智能落地后计算节省了多少百分比的时间，将节省下来的时间，用于质量保障环节等其他环节来提高产品质量。

2. 工作量

工作量用于衡量人工智能提升了多少生产力。和时间相比，工作量会更加直接，和产量等数据直接挂钩。企业也容易通过生产力的提升来评估人工智能落地的效果，这些数据往往会影响企业的营收、利润等核心经营数据。

比如工业领域中的零件安装，原先安装零件采用人工或者半自动化的方式，每天可以生产 1 000 个，引入人工智能之后，一天可以生产 5 000 个，那么从工作量的角度来看就提高了 400% 的生产力。

3. 核心场景指标

沿用原有场景下的评估指标，来衡量人工智能落地前后带来的改变。人工智能往往是应用在一个系统中的某个具体环节，通过在该环节的落地来提高整个系统的效率，因此可用给场景带来的"改变"来衡量人工智能落地的价值。

如监控报警，核心指标往往是误报率、漏报率、故障发现时长、恢复时长，更快地发现故障并报警、少漏报、少误报并不断降低故障发现时长和恢复时长就是该场景评估人工智能落地的指标。

3.5.4 系统性能

"系统性能"用来评估人工智能系统的"成熟度"，人工智能算法能力再强，如果系统性能出现问题，也会严重影响人工智能落地的效果。如果系统不够稳定，人工智能算法的能力就无法得到有效输出。具体评估时从稳定性、鲁棒性两个角度进行评估。

1）**稳定性**：随着人工智能的部署使用，系统服务的指标，比如 QPS（Queries-per-second，每秒查询率）、服务接口运行状态、CPU 使用情况、内存使用情况等指标是否会随着使用时长的增加发生较大的变化，以及在系统访问高峰是否还能够稳定地响应用户的请求。

比如对推荐系统来说，稳定性就是非常影响体验的。数据请求是否卡顿，响应是否及时，这些都决定了用户在浏览新闻或者内容的时候能否及时看到推荐结果。稳定性好的系统给用户创造了一个流畅的体验环境，服务不稳定会导致推荐位不返回结果，用户看不到预期的推荐内容。

2）鲁棒性：系统抵抗环境噪声的能力，不同场景下的产品在使用时都会受到环境噪声的干扰，相同的产品也会因为所处环境的差异而有不同的噪声。

拿“智能音箱”在家庭中的使用举例，电视、电脑、家务劳动甚至家中宠物的声音都会给智能音箱的使用增加很多环境噪声。为了能够正确识别用户的指令，智能音箱需要在不同环境下进行声纹识别并过滤环境噪声，让它能够满足不同环境下的使用需求，避免出现“错误识别”“无法唤醒”“异常唤醒”等情况。

3.5.5 经济性

“经济性”指标用来衡量人工智能落地所创造的经济效益，它是重要且直接的评估项，尤其是对于企业而言，无论是投入人员自研或外部采购，都需要衡量投入产出比，讲直白一点就是需要评估人工智能在企业中的落地“值不值”。对于人工智能，无论是研发的人力成本投入还是计算资源成本都很高，如果场景本身价值不高就容易出现“高炮打蚊子”的现象——技术有深度，花了很多成本，但实际价值却不高。

1. 直接产生效益

提高人工智能落地的直接经济效益，可以从“降本”“增效”两个角度展开。

1）降本。“降本”即降低企业成本，包括人工成本、设备资源。

人工智能降低人力成本是指对重复性体力劳动的替代，比如客服、巡逻监视员等。这部分人工成本的降低可以直接通过原先岗位的人员薪酬水平和人数来衡量，但要注意的是，人工智能“替代”部分人工劳动，一定会围绕原先场景创造新岗位，比如对于客服来说，人工客服数量虽然减少了，但需要有配置或训练人工智能客服的新岗位来辅助人工智能的落地，前后的人力成本的差值才是人工智能真正产生的价值。

另一种“降本”方式是通过提高资源的配置效率来降低企业成本的投入。比如自营电商平台会有自己的仓储厂房，厂房租金是成本的一部分，根据商品不同类别的历史销售情况和流行趋势变化，通过人工智能预测不同地理位置下用户对商品的购买情况，来动态调整仓储位置和生产计划，既可以降低商品存储周期进而降低仓储成本的投入，又可以让用户更快拿到购买的商品，提高用户线上购物的满意度。

2）增效。“增效”是通过人工智能的能力提高供需匹配效率，或缩短完成任务的时间。比如我们熟悉的“推荐系统”应用在电商、新闻阅读等领域，分别通过用户的喜好、历史行为等特征个性化推荐商品和新闻，提高了用户的购买转化率以及使用时长，进一步带来 GMV（Gross Merchandise Volume，商品交易总额）的提高和广告曝光时长的提高。在这种场景下，我们可以直接通过人工智能落地前后核心指标的提高来评估人工智能产生的效益。比如对于新闻内容，在广告 CPM（Cost Per Mille，千次展示量计费）不变的情况下，推荐系统增加了用户使用的时长，增加了广告的展示量，带来了更多的广告收入。

在我们计算好了“降本”“增效”对应的收入范围之后，还需要和人工智能落地的成本投入进行对比来计算“投入产出比”。一般有部署案例的垂直领域人工智能解决方案，落地的实施周期会更短，经费投入也会比“外包”或者“自研”成本更低。

不同场景下不同的人工智能落地方案为企业产生的经济效益，有的直接可以衡量，有的需要找到“对比物”来间接衡量。

2. 间接产生效益

通常在两种较为常见的场景下人工智能的价值是难以被直接衡量和看清的，甚至会让很多人觉得它可有可无，因此最关键的是要找到“对比物”。

第一种场景是“协作型工具”，人工智能作为辅助我们的“助手”来帮我们提高效率，如“辅助写作”或者“辅助编程”之类的产品。虽然这类工具型人工智能产品用起来很好，甚至当我们养成了习惯后难以丢掉，但客观上评估“协作型工具”带来的价值是比较难的。一是因为这些产品或功能非“刚需”，就算不用也不会影响任务的完成，比如我们想要拍一张照片，那么手机或者数码相机对“拍照”来说是“刚需”，有没有人像识别、背景虚化等功能是“非刚需”；二是因为衡量“协作型工具”时，难以排除其他干扰条件的影响，比如我们自己对事情的熟练程度，或者和其他协作者之间的配合等。

以给编辑使用的“写作助手”为例，它是一个可以预测更长输入内容的输入法，编辑只需要输入首字母，它就可以自动预测一整行需要编写的内容。可以将“工具”的价值和编辑的“工作时间”进行对比，因为在工作中用时长短和“工资”是可以对应的，比如原先编辑每天编写内容的用时是 5 小时，用了“人工智能写作助手”之后提高了效率，每天只用 4 小时就可以完成任务，编辑多了 1 小时可以用于休息或者处理其他工作，那么这“1 小时”对应的工资薪水就可以用来衡量“人工智能写作助手”的价值。

第二种场景是监控、预警型产品，它们的功能是帮助企业规避损失和风险。人有侥幸心理，除非因为监控不到位、预警不及时而造成损失，目前不少企业对这类产品都不够重视。这类产品的“对比物”就是当问题真实发生时的“损失”。

每个企业抗风险的能力是不一样的，因此可以接受的损失范围也不同。如何计算“损失”，比如企业服务器发生宕机，影响了用户的正常购买服务，可以通过过去一年企业发生过的故障时间来度量“损失时间”，之后按照正常单位时间内用户访问给企业带来的收入即可计算出潜在损失价值，这个价值可以用来衡量监控、预警型产品。

3. 人工智能定价：价值的10%

当我们衡量了人工智能落地的经济价值之后，如何给人工智能定价？如果创造多少价值就卖多少钱，那么使用人工智能的人就无利可图了，技术也就无法创造更多价值。

我通过和业内朋友以及企业家交流得到经验，大致有了一个标准：10%。

意思是说，整体人工智能落地的成本如果是其创造价值的10%，那么企业引入人工智能投入的成本就是合适的，具体成本包括技术服务的价格、需投入服务器等硬件计算资源、配套的人力成本三个方面。

为什么是“10%”？

人工智能在落地之后可能由于“数据不足”或者“可解释性差”等问题，会出现特殊情况无法处理，并且投入使用后需要一段时间积累数据、不断调整优化，所以这种定价方法能够给人工智能落地预留出来更多的试错空间。随着“投入成本/价值”占比的提高，企业的接受程度也会直线降低，“10%”最容易让企业接受，从而自上而下地推动人工智能在企业内的落地。举个例子，原先企业的客服人数是20个人，引入一个智能客服后，两个人工客服和一个智能客服就可以满足企业的日常需求，那么如果这个智能客服的价格大概为1.8个人工客服的工资（算式：$(20-2)\times10\%=1.8$），企业就容易接受这个价格。

3.6 如何评估数据质量

数据的价值和重要性不言而喻，数据的价值越高、越贴近场景，人工智能落地的效果就越好，数据质量的好坏会直接影响人工智能落地的效果，同时也能更好地辅助人工智能在场景中的落地。在着手实施之前，要先对数据进行评估，需要建立标准的评估方法和规范。

在算法实施前评估数据的质量，可以节约大量试错时间。人工智能通过算法模型挖掘数据中隐藏的知识和信息，如果数据质量不佳，虽然花费了很多时间和精力，但也无法得到有用的模型，甚至可能产生错误的结果。对于质量较差的数据集，没有必要花太多的时间和精力去做落地的工作。提前评估数据也可以降低得出错误结论的概率，如果能够及时发现数据中存在的问题，就可以提前修正，来避免将数据中的错误和失真带到模型训练的过程中。

数据质量需根据具体的场景来定义，以满足应用需求为目的。

本节的目标是面向人工智能落地的任务目标，建立切实可行的评估数据质量的方法。人工智能除了对数据有量的要求外，还有质的要求，因此我们评估数据质量是分为“定性”和“定量”两个部分来进行探讨。

3.6.1 定性评估你的数据

“定性评估数据”的目标是通过一些规则建立对整体数据集的评估，来判断数据是否满足落地场景的要求。评估方法可以分为“数据可信度”“数据相关性”“数据覆盖性”“时效性”以及“数据合理性”。

1. 数据可信度

“数据可信度”主要用来评估数据的来源是否可靠，首先需要评估数据是否具有权威性，如图 3-20 所示。当我们选择的数据是从某官方渠道收集的，或者有科研机构、大型企业等渠道背书时，数据来源就会更加权威可信。往往公开的科研实验都是采用公开的、被从业者广泛认知和使用的数据集，以防止他人对数据合理性产生怀疑。

另一个评估角度是数据采集方面，包括数据采集、数据处理、数据存储的全链路。数据采集阶段容易受到环境干扰，也会因为人员操作、设备问题而产生数据丢失、数据不准确等问题，同时还需要注意收集方法是否合理、数据收集的条件是否和实际使用场景一致。数据处理阶段需要注意数据处理计算的复杂度是否可以接受，在数据计算过程中会对数据按照某种规则进行处理，处理成业务需要的形式，在过程中涉及数据字段合并、抽象等，同时还要注意在中间的计算环节是否有数据校准来确保数据计算环节不会出现错误和丢失。在数据存储上需要评估数据存储的结构是否合理，是否便于二次使用。

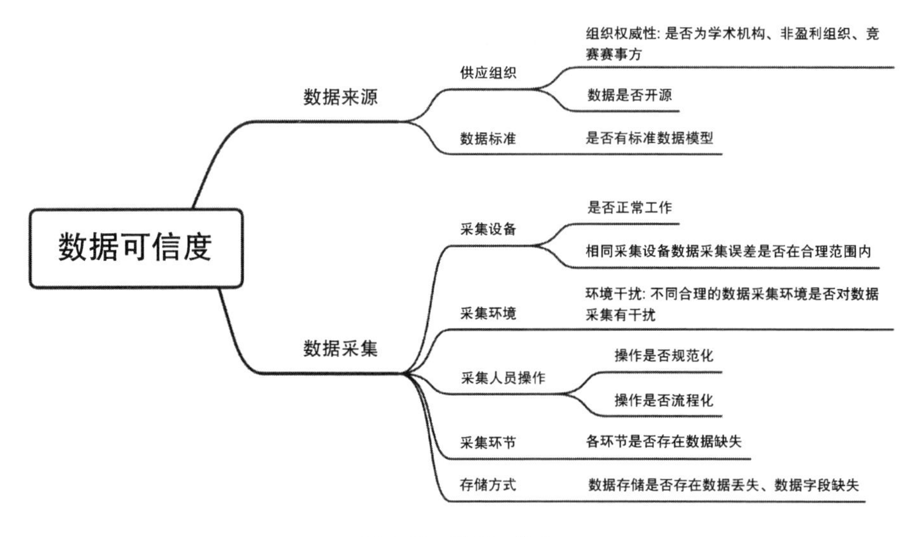

图 3-20 数据可信度

2. 数据相关性

通过人工智能对数据进行分析和应用的目标还是为实际场景服务，因此数据只有紧密围绕业务需求才是有意义的，“数据”和“场景”的相关性越高，越有利于我们发现数据之中隐藏的规律。和实际业务有较强相关性的数据集才是有价值的，不相关的数据，不管其多么丰富，都难以支持落地。

一般直接从场景内采集的数据相关性是有保障的，只要数据采集过程和采集方式得到确认即可。大部分情况下，数据都是从关联的场景或系统中汇聚形成，比如“大数据征信”，往往用到的数据包含用户基本信息、个人资产信息、家庭信息、还款记录等，单一渠道的数据可能存在仿造和诈骗的可能性，因此需要通过和多方合作来获取关于借款人的数据，这样一方面能够相互校验数据的真伪，另一方面能够通过多方数据来完善用户画像，用于对借款人进行信用评估。

“数据相关性”评估可以从以下两个角度着手：

1）数据字段是否反映业务逻辑：数据的各字段和取值是否有明确的、和业务直接相关的含义，是否有明确导向。比如预测个人还款能力，“个人收入”就是一个强相关指标，而“个人喜好”的相关性就差一些。

2）数据和业务目标相关：当数据是在场景中产生或者数据的来源与当前场景相似度高时，数据集和业务目标的相关性更好。比如在金融风控领域，业务员的业务目标就是分析当这个借款人贷款之后，会不会有违约的风险，那么他在其他消费类型贷款的还款记录数据就是和当下业务目标相关的，因此在消费类贷款领域才会有“连三累六”的说法。

3. 数据覆盖性

“数据覆盖性”用来衡量数据是否可以覆盖场景中的所有情况，数据覆盖性越强，越能够展现场景内不同输入的结果，人工智能越能够辅助我们发现异常情况，进而辅助决策。比如通过人工智能对服务器的运行情况进行监控，来预测潜在的服务异常情况，那么我们训练人工智能的数据集包含服务器的运行指标，如

QPS、存储使用率、CPU 使用率等数据，如果我们获取的数据不能覆盖所有的异常情况，训练数据集中全部都是服务器正常运行的数据，不包含服务接口报错、服务器故障的数据，那么人工智能也无法从数据中找出关联来预测这些问题。

提高数据覆盖性可以从以下三个角度入手：

- 采集数据时，可以不断修改输入数据的范围，或调整环境条件，来获取系统在各种情况下的表现，同时也尽量触发一些边界条件来观测系统是否出现异常表现；
- 建立好数据反馈机制以挖掘更多场景，如果“数据覆盖”不足，那么当人工智能上线后可以定期观测系统的表现，看看实际的运行中是否有数据集中没有覆盖的情况。当发现未覆盖的情况后，记录当时的输入数据、输出数据和环境条件，不断补充数据集；
- 把整个场景划分为多个子阶段，对每个阶段的输出数据进行采集和统计。一般观测到的数据表现都是偏整体视角，但其中各个子环节的数据波动情况可能会相互抵消，或者因为不同数据字段的量纲不同，某些子阶段输出的数据不会表现在整个系统输出的数据上，因此数据采集要覆盖场景内的各个环境，应尽量从“全链路”的角度去收集数据。

4. 时效性

系统、服务是在不断升级和发展的，因此数据格式和数据维度会发生变化，当数据时效性差时，分析数据得到的结论往往失去了实际意义。比如“预测天气”，一般使用的数据都是近期的天气情况，如果数据距今相差了几个月，甚至几年，可能环境都发生了质的变化。因此当时间跨度较长、时效性不足时，人工智能提供的预测结果会有偏差。对数据时效性的评估可以从数据本身的“场景需求”和“数据环境”变化两个角度入手。

数据往往围绕业务和场景产生，在经由算法模型分析前，需要经过一系列的数据清洗、加工的步骤，而这些数据处理步骤都需要消耗一定时间，因此从“场景需求”角度来看，根据数据处理消耗时间的长短可以将数据分为“实时数据”和“离线数据”。“实时数据”是指数据从采集到使用这段时间的延迟较小，一般为毫秒、秒、分钟级；“离线数据”一般是指天级别以上的时间延迟。数据的时效性需要适应场景需要，比如如果要对仓库火灾隐患进行预警，时效性显然应该是“秒级”实时数据，如果数据时效性变成“天级”离线数据，恐怕当有异常情况发生时，也为时已晚。两种数据时效性的对比，如表 3-3 所示。

表 3-3　实时数据和离线数据的时效性对比

类型	时效	优点	缺点	场景举例
实时数据	毫秒、秒、分钟、小时级（准实时）	1）数据处理速度快 2）时效性强	1）计算资源成本高 2）数据准确性较差	1）监控告警 2）实时营销 3）个性化推荐 对数据时效性要求高的场景
离线数据	天级别级以上	1）计算资源成本低 2）数据准确性强	计算、处理周期长	1）历史数据分析 2）用户留存分析 3）企业财务数据分析 对数据准确性要求高于时效性的场景

除了场景本身外，我们也要根据场景环境、数据标准、场景目标等数据从采集到应用的全链路中是否有环节发生变化来评估数据，如果在某日期之后数据采集设备更换、环境或数据采集流程发生了变化，影响了数据取值范围或数据分布发生本质变化，那么只有所有变更结束之后采集的数据才有意义，才能真正反映场景的真实情况，在此之前采集的数据都是无意义的，因此应当从数据集中将“变化”之前采集到的数据剔除。

5. 数据合理性

“数据合理性”用于评估数据各字段含义是否规范以及是否标准，数据字段中如果出现和真实含义不相符的部分，可能是由于采集过程中出现了问题；而数据不规范的问题经常由数据标准不统一或手工填入数据造成，质量高的数据都遵循了一定的标准。比如数据的每个字段都有定义好的格式和取值范围，同时还需要检查字段内含义相同的内容的表达方式是否唯一，比如表达“软件工程师”，人们会写“程序员”“开发者”等，这种表述需要统一。

保持“数据合理性”最好的方法就是采用一定的方法来对数据字段的取值进行校验和约束。

1）**类型取值约束：**比如证件类型、职业等属性类型取值，要让用户选择而不是手动填写来固定取值的范围，从而从数据采集侧杜绝发生问题。

2）**长度约束：**比如约束手机号码字段长度要等于11位，或IP地址一定是由4个数字通过“.”连接在一起组成，并且每个数字都是在0~255的整数。

3）**取值范围约束：**比如要求字段值不能是负数，可以通过查看数据中的最大值和最小值是否都在合理范围内来对数据进行检查，将不合理的数据从数据集中清除。

4）**逻辑含义约束：**比如网页的“PV(网页浏览量)”一定大于或者等于“UV(独立访客数量)”，比如转化率一定是在0~1的小数。

3.6.2 定量评估你的数据

除了定性评估落地前的数据质量外，还应该从客观量化的角度来对数据资源进行评价，即通过定义指标、指标导向、计算方法来描述数据各方面的质量。在这一小节，我们将通过“数据完整性”“异常数据比例”“数据准确性”来对数据质量进行定量评估。

1. 数据完整性

数据完整性体现在数据是否存在丢失，以及数据的具体字段是否存在缺失现象。数据完整性也是比较容易进行定量评估的。

1）数据记录缺失： 通过对比原始统计渠道源数据的数据量和用于人工智能落地收集的数据量，评估数据在采集或转移过程中是否丢失。数据渠道来源可能会由于数据同步或数据采集过程的异常而出现丢失情况，当人工智能落地的场景是时序相关或丢失的数据反映了场景中部分合理情况时，就会造成模型训练准确率的下降。

在计算数据缺失比例的过程中，如果难以统计具体的缺失数据量，也可以通过统计异常的数据来源和渠道比例作为统计结果。比如在一段时间内数据的来源渠道可能会因为数据同步等问题导致数据缺失，这样我们就可以将缺失渠道在总数据量中的占比情况当作“缺失率”。举个例子，一个互联网公司产品分为 Web、iOS、Android 三个用户入口，其中一个入口因为服务器故障无法访问，因此就导致了用户数据的缺失，如 Web 端服务器宕机，在总流量中占比为 1/5，那么在这段故障周期内数据缺失率就是 20%。

还可以从时间的连续性来评估数据的缺失比例，有效的数据记录都是有时间戳的，数据入库时间为横坐标，数据量为纵坐标，可以将数据入库进行可视化，其中在数据完整收集的时间周期内，缺失的部分占总时间周期的比例可以作为数据时间上的缺失比例。

2）数据字段缺失： 统计数据时，每条数据都对应了多个字段作为数据的特征描述。对数据进行清洗时，总会发现数据字段缺失的情况。数据字段缺失比例严重时会造成数据的不可用，如果数据本身的原始特征描述缺失严重，也难以指望算法从中学习到规则来帮我们解决问题。可以直接从数据中汇总统计某条数据字段为空的数据项在总数据中的占比来计算字段缺失比例（作为缺失率），也可以当一条数据中某个字段缺失时，就将该条数据字段计算为“字段缺失数据”，进而统计整体数据集中“字段缺失数据”在数据集中的占比情况。

数据字段缺失会给特征工程中“数据清洗”步骤带来更多的处理量，这里可以通过“删除缺失字段的数据”和“缺失字段替换”两种方法处理。“缺失字段替换”既可以用当前字段的“中位数”“众数”“平均数”“极值”填入缺失字段中，又可以通过“回归预测”等方法通过其他字段的取值对当前缺失字段进行预测并填入。

2. 异常数据比例

人工智能模型是对样本数据结构的一种表达和抽象，而和整体表现完全不一致，同时也不在合理范围内的数据，就是通常定义的“异常数据”。我们常见的比如流量攻击时的服务器性能数据或医疗检测的病人数据属于场景下的包含范围，不属于这里定义的“异常数据”。“异常数据”的出现会使人工智能模型在训练的过程中把这些数据当作“正常数据”，从而影响模型实际部署后的表现。需要根据业务需求定义什么样的数据属于“异常数据”，可以分为以下四种类别：

1）数值超过合理范围：有的数据字段超过了合理范围就会给数据带来很多噪声，比如描述一个人的数据项中年龄超过 200 岁，身高超过 5 米。这些数据超过了常规认知的范围，可能是由于手误或者数据传输过程中出现问题造成。

2）字段类型异常：“字段类型异常”主要是数据类型不一致，会影响到数据加工和数据清洗。比如在使用 Excel 表格统计的时候，我们经常会发现当存储个人手机号码的时候，如果默认类型是数字类型，那么当表格宽度小于数据长度时，就会自动省略后面一些位数，从而导致数据记录出现偏差。

3）数据字段缺失严重：有些数据因为字段缺失比较严重，在后续的数据处理和分析中不仅会引入噪声，同时这些数据也无法为分析提供其他有效信息，可以在前期数据过滤中将对应的数据字段去掉来修正。

4）数据无意义重复：在部分场景下，重复数据代表了一些实际情况，比如对于同一商品的多次购买，但是没有意义的重复数据可能是为了确保数据能够入库，对多个数据来源的数据进行了重复的信息录入，这些数据在不影响业务的情况下可以去重过滤，不然在后续分析中会影响样本类别的权重。

可以通过可视化潜在问题数据和正常数据的偏离程度来发现无意义的数据，比如计算某些字段的平均值和标准差，当数据超过平均程度较大的时候就可以由领域专家介入，审视这些偏离数据是否有异常。比如当数据的分布符合正态分布时，可以根据“3σ 原则”对偏离较大的数据进行过滤。

3. 数据准确性

“数据准确性”是指记录的信息有异常或错误，准确性不仅指数据是否规范，还包含数据录入和采集环节出现的人为失误，比如最常见的数据由于格式不匹配而出现“乱码”，或者由于运营人员的失误把客户信息填写错了等。对于不准确的数据可以计算其占总数据的比例，看定量评估数据的质量。通过以下方法可以发现准确性有问题的数据：

1）通过其他数据库校准。数据往往在入库前会经历“数据抽取”“数据转换”“数据计算”等步骤，这些中间数据和数据源往往也有不同的系统进行存储和应用，因此可以在不同的数据之间进行相互校准。

2）依托业务逻辑，设置规则。按照三种“一致性”来判断数据是否有异常：①“等值一致性”，通过其他字段来判断当前待校验字段是否准确，即数据取值必须与另外一个或多个数据字段在经过处理后相等，比如“进出口经营权许可证号”长度为 13 位，其后 9 位应该与“组织机构代码证”一致；②“存在一致性”，即通过一个数据字段是否存在和其合理取值来判断其他数据字段的情况，比如若用户的“登录状态”是“已登录”，那么用户的“登录日期”不能为空；③“逻辑一致性”，即通过数据字段之间的逻辑关系来判断数据准确性，比如用户的“注册时间”一定小于用户的“登录时间”。

本章结语

我们看到很多材料介绍了各式各样的人工智能落地的应用，但关于“人工智能落地步骤”的内容非常少，因此很多人往往了解具体的应用，但到了自己想要落地人工智能的时候却不知道从何下手。因此在本章中，我介绍了人工智能落地的五个步骤，并通过实际案例展开讲解，为你提供落地的参考。从中我们可以发现人工智能在实际场景中的落地是依赖实践的系统性的工作，虽然不同算法适合应用的范围是有限的，但人工智能落地的步骤是可以总结归纳的，可以和我们的领域知识相结合来解决我们遇到的问题。

如何评估人工智能落地也是阻碍人工智能发展的原因之一，懂技术的开发者不了解场景，懂场景的人看不懂技术指标，因此本章提出了评估人工智能落地的五个角度，并通过拆解成具体的指标，让你能够全面、合理地评估落地的效用。“If you can’t measure it, you can’t improve it.”（如果你无法衡量，也无法增长。）这些指标也可以帮助你以数据驱动，持续优化和完善人工智能解决方案。

在本章的最后，我着重介绍了“数据”的评估。“算法”“算力”“数据”是人工智能的三要素，但“数据”往往被人忽略。在很多人的思维里，人工智能还是通过强大的计算机算力和算法来“暴力”解决问题，但其实人工智能是系统性的数据落地实践方案，数据决定了人工智能能够落地的程度，可以说是最重要的一环。

在第 4 章中，我将通过几个具体的案例来展开讲解，希望能够借此强化你对人工智能落地步骤的理解，并能够通过这些案例“举一反三”，从你的工作生活中找到落地的场景，并知道如何落地人工智能。

参考文献

[1] NARAYANAN A，SHI E，RUBINSTEIN B I P . Link prediction by de-anonymization：how we won the kaggle social network challenge[C]. New York：IEEE，2011.

[2] 李靖华，郭耀煌 . 主成分分析用于多指标评价的方法研究——主成分评价 [J]. 管理工程学报，2002，16（1）：39-43.

[3] JENSEN C A，El-SHARKAWI M A，MARKS R. Power system security assessment using neural networks：feature selection using Fisher discrimination[J]. IEEE Power Engineering Review，2001，21（10）：62-62.

[4] 谢明文 . 关于协方差、相关系数与相关性的关系 [J]. 数理统计与管理，2004（3）：33-36.

[5] REN Jiang-Tao，SUN Jing-Hao，HUANG Huan-Yu，et al. Feature selection based on information gain and GA 一种基于信息增益及遗传算法的特征选择算法 [J]. 计算机科学，2006，33（10）：193-195.

[6] LOUIS S. Journal of chronic diseases，St. Louis[J]. Journal of the American medical association，1970，211（2）：336.

[7] XU W，HE J，SHU Y，et al. Advances in convolutional neural networks[M]//ACEVES-FERVANDEZ. Advances and applications in deep learning. London：IntechOpen，2020.

[8] ZAREMBA W，SUTSKEVER I，VINYALS O. Recurrent neural network regularization[J/OL]. Arxiv preprint，2014，（1）[2023-06-22]. https：//arxiv.org/abs/1409.2329v2.

[9] RADFORD A，METZ L，CHINTALA S. Unsupervised representation learning with deep convolutional generative adversarial networks[J]. Computer science，2015.

第4章 人工智能落地案例

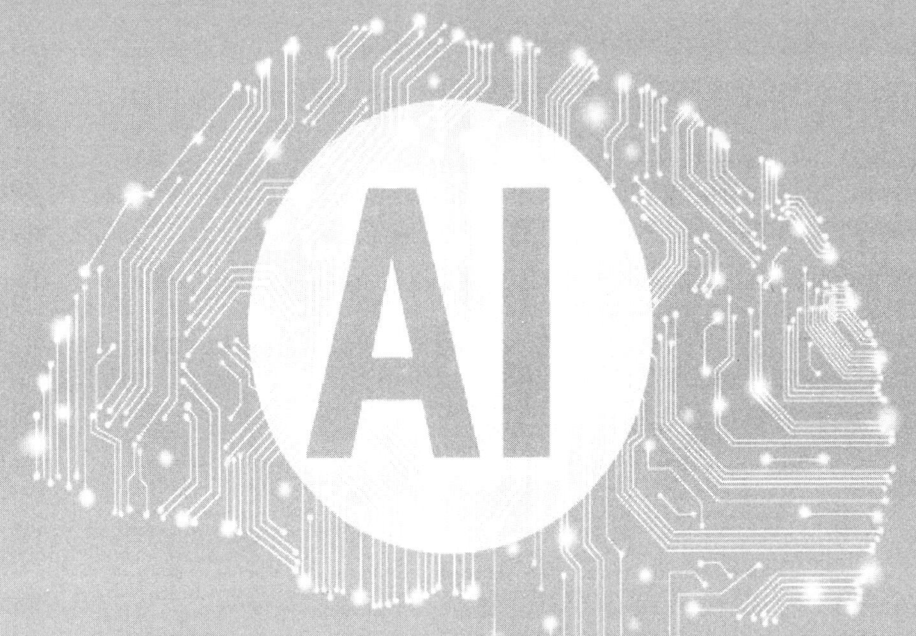

本章介绍了人工智能落地的5个具体场景案例，并按照第3章的落地步骤展开讲解在这些场景中应该怎么做，希望借这5个案例“抛砖引玉”，来引出你的思考。人工智能落地的第五步“实施：人工智能系统实施/部署”涉及具体的技术架构设计和软件代码编写，不在本书的讨论范围之内，感兴趣的读者可关注我的公众号后留言咨询。本书关注的是对人工智能落地的思考方法和步骤的探讨，从而能够让你了解人工智能的“能力”以及找到适合发挥这个“能力”的场景。

4.1 人工智能任务提醒助手

我们常见的“智能助手”本质上是一个“对话系统”，我们通过语音、文字来告诉它需要由它替我们做的事情，如操作手机 APP、上闹钟等，类似电影《钢铁侠》(*Iron Man*)里面的虚拟个人助手贾维斯。本节我将会简要介绍“对话系统”，之后按照落地的步骤展开讲解“如何设计个人任务提醒助手”，让你了解制作一个特定“任务”对话机器人的过程。

“对话系统”主要通过自然语言处理技术来获取并解析用户输入的指令，之后按照既定的执行规则运行来为用户提供服务，比如现在常见的智能音箱，使用设备的麦克风采集声音，之后通过降噪、识别唤醒词的步骤来完成是否唤醒智能音箱的判断；如果智能音箱正确识别了唤醒词，则将语音识别为文字，经由系统语义理解后，生成回复指令和执行动作，并将回复内容转语音后向用户播出，这个过程中的关键部分是理解使用者的“意图”，并根据意图给出“回答”。

从形式上看，对话系统可以分成“任务型”“闲聊型”“问答型”三种形式，如图 4-1 所示。

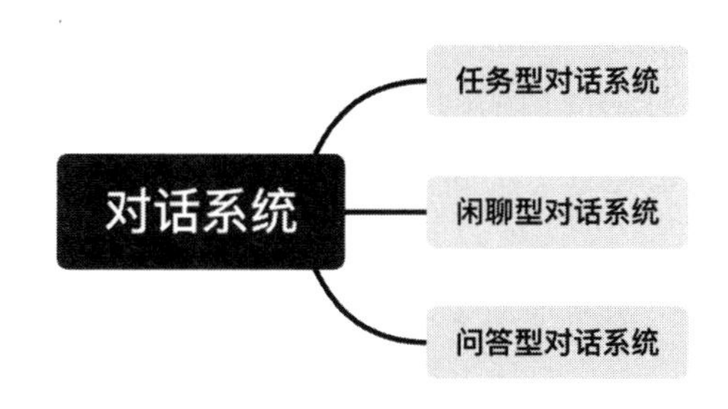

图 4-1　对话系统分类

1）任务型对话系统：为了完成某个具体的任务，需要将用户输入的指令转换成具体可以按照任务模板执行的动作。以“订机票”场景为例，需要根据场景预先定义用户的“意图”和“信息槽”，比如“明天下午 2 点帮我订一张从北京去上海的机票”，此时用户所表达的就是“我要订机票”这个“意图”，要满足订机票的条件，需要知道“时间”“始发地”“目的地”这些具体的信息，这些具体的信息就是“信息槽”。那么从这个用户输入中我们可以提取出来“时间 = 明天下午两点”“始发地 = 北京”“目的地 = 上海”，有了这些信息就可以通过订票平台提供的接口来查询飞机票，并在用户确认后完成订票任务。

2）闲聊型对话系统：没有限定领域的开放性的聊天对话，没有“任务型对话系统”那样既定的任务，比如微软“小冰”和之前爆火的“小黄鸭”就属于这个类别。这种“对话系统”非常依赖语料库，也就是“对话系统”训练的数据集，数据集中的语料覆盖面越广、越多，实际效果就越好。

3）问答型对话系统：与“任务型对话系统”类似，虽然同样有任务目标，但是不需要将用户的输入内容转化成参数来执行具体任务指令，只要能够回答用户提出的问题即可。比如，“什么叫作经停航班”“怎么定闹钟”“如何申请退款”，通常在客服领域应用得比较广泛。

本节我将介绍如何搭建一个基于“对话系统”的任务提醒助手，来帮助你记录和提醒代办事项，设计它的初衷是因为我们经常会忘记一些事情而手足无措，类似私人管家形式的任务提醒助手可以帮助我们规划日常安排和提醒待办事项，它在形式上类似于我们日常使用的聊天（即时通讯）工具，通过虚拟的人工智能对话机器人来完成“任务的录入”和“任务的提醒”。

第一步，定点：确定场景中的落地点

首先，把整个场景的使用过程拆分成具体步骤，并从中找到落地的具体环节。任务提醒助手采用“聊天对话”的形式，用户输入“文字”，系统需要从用户输入的内容中提取“任务”和对应“执行时间”，然后把这些信息录入数据库中；其次，在“任务”快要到来时，及时提醒用户，提醒的方式也是采用对话的形式。

在这个流程中，人工智能有以下两个可以落地的环节：

（1）根据用户输入的内容分析任务信息并记录

比如“我明天上午八点要去车管所”，这句话中包含了具体任务的“内容”和“时间”信息，可以识别和记录到“任务库”中，但有时候“时间不明确”或者“缺少任务信息”，无法满足任务录入的要求，需要通过“发问”的形式向用户询问缺少的信息，并对任务进行补充。

（2）在执行任务前，将数据库中记录的任务转换为日常对话的文字内容，给我们发送提醒消息

这里重点是“时间”，需预留出一定的时间来让我们有时间能够进行任务的前期准备工作，如整理文字材料，或者更换着装等，这些内容也要在任务录入的时候向用户询问。

这两个环节分别可以通过自然语言处理技术中的“NLU（Natural Language Understanding，自然语言理解）”和“NLG（Natural Language Generation，自然语言生成）”来实现。

第二步，交互：确定交互方式和使用流程

任务提醒助手的形式是聊天机器人，这类产品的交互主要是对话策略的设计，因此我们重点放在“如何交互”及“通过哪些技术落地”。

整体的流程如图 4-2 所示。

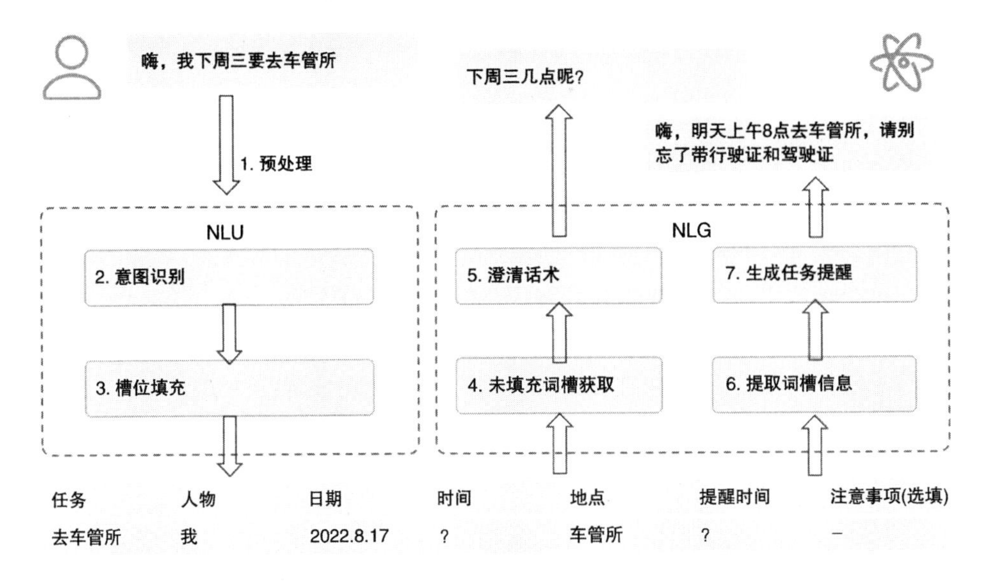

图 4-2　任务提醒助手的交互流程

“预处理”是用户文字输入之后所执行的第一步，包含了下面三个具体的子步骤。

1）分词。相较于本身就通过“空格”进行词切分的英文，中文需要先进行分词处理，即将一句话转化为具体词的构成。比如当你输入“嗨，我下周三要去车管所”，分词操作就划分成：

嗨 | 我 | 下周三 | 要 | 去 | 车管所

2）去除停用词、语助词等“无效”的内容。比如我们这句话中的“嗨”就是一个对实际分析无用途的语助词，“呢”“啊”等这些词也属于这个范畴，这一步操作是为了将内容转换为最简单的表达状态，以便于后续的分析。

3）词向量化。句子分成若干个词之后，需要把词对应到具体的“词向量”，即把我们熟悉的中文词转换为计算机可以看得懂的表示，可以简单理解为把每个词都用一串由数字构成的向量来表示。

接下来通过人工智能算法对句子进行“意图识别”，看看句子属于场景下定义任务中的哪个类别，直白一点说就是需要从用户的对话中识别出用户希望做什么事情，判断用户希望完成什么样的任务，比如一个用户向机器人问了一个问题，于是机器人就需要判断这个用户是在“询问天气情况”，还是“询问某部电影的信息”。

识别了用户的意图，就需要将能够具体表达用户意图的“词”从句子中提取出来，记录到用于描述意图的“词槽”中，进行“槽位填充”。这里“槽位”也可以称为“词槽”，可以理解为表达一个具体任务所需要的内容描述，如图 4-2 中的表格所示，任务提醒助手中需要填充的“词槽”可以设计为“任务”“人物”“日期”“时间”“地点”“提醒时间”“注意事项（选填）”。在具体场景中，“意图类型”和“词槽类型”都需要开发者围绕场景定义。

之后如果在“词槽”中发现一些必填项没有被识别到，那么就需要任务提醒助手将未知信息通过 NLG（自然语言生成）技术转化为一个问题来询问用户，以完成未填充信息的录入，对应着图中“4”“5”两个环节。除了必须有明晰的信息外，还有一些非必需的内容，比如“注意事项”也是可以进行记录的。比如“注意提醒我带钱包”就是一个可选的记录信息，若我们在输入时没有明确表达，任务提醒助手也不会对非必需的信息进行追问。

信息录入完成后，到了具体的提醒时间，任务提醒助手会将提示一条任务记录信息转化成“任务提醒”来通知用户，对应着图中“6”“7”两个环节。

除了上面的整体流程外，还需考虑下面的“保底方案”：

在任务提醒场景中，当待办事项比较重要时，如果任务提醒助手服务“挂了”或者出现记录错误的情况，就会非常耽误事。因此，为了预防任务提醒助手服务出现问题，需要有保底方案。比如对任务数据库中已经录入的内容，按天定时发送推送消息或者短信、邮件提醒，而不是只通过人工智能聊天提醒。同时还可以对任务进行重要等级划分，高级别的任务可以设置需要用户回复确认后才会标注任务提醒已送达，否则可以每隔一段时间进行重复消息提醒。

需要额外注意的是，当无法识别用户“意图”时，需要通过规则化的话术来对用户进行询问，比如当用户随意输入内容时，可以随机发问“需要我帮你查一下明天的工作安排吗？”或者“需要我帮你定个任务提醒吗？”来引导用户使用。

第三步，数据：数据的收集及处理

要完成上面的流程，数据层面需要的准备工作主要包含以下两个方面：

（1）语料库

语料库包括用来对用户输入语句进行“意图识别”以及任务提醒助手在解答用户问题时候的“应答模板”。“意图识别”语料库需要根据使用的场景列举一些常见的场景内话术，以及相应的意图标签。比如“明天下午四点有个远程会议”类别是“任务录入”，“明天下午几点开会？”类别是“询问任务详情”。语句标注得越细致，意图识别得就会越准确。在每个具体的意图分类中，针对用户的输入，需要我们补充一些问题的“应答模板”，这样在“意图识别”之后，就可以按照我们既定的模板，从任务数据库中提取对应的信息，然后生成对话话术给用户，比如当用户询问“明天的会议是几点？”时，就需要从任务数据库中找到任务记录，并提取出用户想询问的“时间”信息，之后通过在“应答模板”中填入相关信息来回答用户。

（2）个性化词库

个性化词库用于“用户个性化描述的信息”和“实体”之间连接关系的构建，可以通过对用户日常对话语料数据的处理来完成个性化词库的构建，将一些名词和用户的常用缩略词相对应，这样任务提醒助手在遇到用户个性化表达输入时，能够完成信息的识别和提取。

第四步，算法：选择算法及模型训练

这部分内容按照“自然语言理解”（NLU）和“自然语言生成”（NLG）两个部分来展开介绍，这两个部分分别对应着“用户录入任务”和“任务提醒用户”。

（1）自然语言理解：分析用户输入的内容任务信息并记录

要让任务提醒助手明白你发的消息，包括“意图识别”和“槽位填充”两步，我们先来看一下整体效果大概是什么样：

示例一

用户输入：下周三下午三点在公司有一个重要的会议。

意图：录入任务；

槽位信息：

任务实体：开会；

人物实体：我；

地点实体：公司；

日期实体：下周三；

时间实体：15：00。

示例二

用户输入：明天下午我有什么计划安排吗？

意图：询问信息；

槽位信息：

日期实体：明天；

人物实体：我；

时间实体：13：00-17：00。

从中我们可以看出，在我们的场景中，用户的意图可以分为**“询问信息”“录入任务”“修改任务”**，对于不同的用户意图来说，任务提醒助手所完成的功能是不一样的。当我们的意图是“询问信息”时，需要从用户的聊天内容中知晓想要了解的内容是什么，比如是哪个任务、什么时间执行，并且需要通过一些判断条件来从任务数据库中匹配到具体的任务，生成话术后再告知用户；当用户的意图是“录入任务”时，我们就需要从用户文字中找到关键信息并按照图 4-2 的表格中的槽位完成录入。

按照意图分类，任务提醒助手中不同分类所需要填充的“槽位”可以细化成如表 4-1 所示。

表 4-1　任务提醒助手的词槽详情

意图一：询问信息	人物实体	时间实体	日期实体	—	—
意图二：录入任务	任务实体	人物实体	地点实体	时间实体	日期实体
意图三：修改任务	任务实体	地点实体	时间实体	日期实体	修改内容实体

人工智能思考过程完全是按照“意图”和“词槽”来进行的，有多少种“意图”就需要预先定义多少种“词槽”组。当“词槽”填充完成时也意味着用户这一次的任务输入已经明确细化且没有歧义。当有“词槽”没有填入内容时，就需要通过话术“发问”来引导用户输入。因此，定义“词槽”的时候还需要定义与之对应的“追问话术”及“歧义澄清话术”。比如当用户输入“我今天下午要去取快递，请你下午三点提醒我”时，这句话中关于“地点实体”，也就是“去哪里取快递”就没有明确，因此可以通过“你要去哪里取快递”来询问用户。如果用户回答“快递柜”，那么当小区存在多个快递柜时就存在“歧义”，进而继续追问。这里围绕“地点实体”的“追问话术”及“歧义澄清话术”可以定义如下：

槽位：地点实体；

追问话术：你要去哪里 +“任务实体”；

歧义澄清话术：具体是去 ××× 还是 ×××？

“意图识别”常见的实现方法有以下三种，我们将逐一展开介绍。不同方法对应的“槽位填充”的方法也不一样。

方法一：模板匹配

人工分析每个意图下有代表性的句子，然后从这些句子中总结出能够尽量覆盖这些句子构成的模板规则，这样当用户输入内容，对语句进行分词、词性标注、命名实体识别等处理后，判断用户输入的句子和人工总结模板的匹配程度。当匹配程度超过一定比例时，就可判断用户的意图和这个模板一致。

举个例子，比如“录入任务”相关的句子：

“Hello，明天下午三点我要去公司拿电脑。”

“帮我定一个提醒，下周三我要去交管局处理违章停车。”

“明天晚上六点我约了张三去打篮球。”

“周日中午有个聚餐活动，我要去和老朋友聚一聚。”

从这些句子之中可以归纳出模板：

.*?[日期][时间].*?[人物].*?{去|到|处理}[地点][任务].*?

这个模板类似“正则表达式”[1]，可能有的读者对它不是很熟悉，让我们来解释一下。模板中的“.*?”表示的是任意文字，用户输入的语句中和任务关键信息不想关的内容；“[]”内的内容则代表了需要识别的任务信息；“{}”花括号内用“|”符号代表“或”。以上面例子第一句话为例，在分词和识别词性之后，可以识别出“日期 = 明天”“时间 = 下午三点”“人物 = 我”“去”“地点 = 公司”“任

务 = 拿电脑”，这些词语也按照模板的顺序进行排列，因此它和模板完全匹配上了。和模板匹配超过一定比例即可，因为一方面人工总结的模板难以穷举所有的情况，并且人的语言输入是不规则的，不一定完全按照模板的顺序组织排列，比如上面例子的第三句话，缺少了“地点”信息，但除了地点信息都和模板匹配，因此匹配程度很高，缺少的信息可以通过后续的“追问”来让用户补充。

方法二：相似语句查询

通过语料库中和用户输入语句相似度最高的语句的意图，来判断用户意图。在语句分词后，通过句子中词的“词向量”等方式把句子表示为“句向量”，以把用户输入的消息转化为计算机可以计算的表示方法，比如把“明天下午我有什么计划安排吗？”转化成由多个数字组成的向量表示，如“[0.03，0.004，0.284，0.483，0.637]”；之后计算用户输入句子和语料库中已标注意图的句子的相似度。相似度的计算可以使用常见的“欧氏距离”“余弦距离”“交叉熵”等计算方法。当找到最相似的句子后，就可以将这个语料库中句子的意图标签作为用户输入句子的标签，之后系统就会按照对应的意图来执行。

在这里介绍一个“词向量”和“TF-IDF”结合的方法。通过一些公开的词向量表示的工具包，如 Word2vec[2]，结合语料库就可以把每个词表示成一个有一定长度的“词向量”，在分词之后，一个句子中的每一个词就由一个数值向量来表示。那么如何用这些“词向量”表示句子呢？最简单的方法就是把每个句子里所有词的词向量平均一下，然后将每个句子的“词向量”平均处理得到句子向量，这种方法虽然能够在一定程度上表示句子，简单高效，但是忽略了不同词语的重要性。下面我将介绍如何通过“TF-IDF”加权的方法来将不同词与重要性考虑进来。

“TF-IDF”中的“TF”指“词频”，即每一个词在句子中出现的频率，它的导向是“一句话中某个词出现的次数越多，越能够用这个词表示这句话”。TF 的计算方法如下：

TF = 某个词在语料中的出现次数 / 语料中的词数

“IDF”是逆文档频率，“DF”是指“文档频率”，即某个词在所有话术库中出现的次数。“IDF”主要用于衡量词在话术库中不同语句出现的普遍程度，在话术数据中出现得越多，那么这个词就越发呈现共性，用它来代表这句话就越不好。IDF 的计算方法如下：

IDF = lg（语料中的句子总数 /（1+ 包含该词的句子数））

最后把“TF”的数值和“IDF”的数值相乘，计算得到“TF-IDF”。“TF-IDF”的整体计算公式如下：

TF-IDF = TF（词频）× IDF（逆文档频率）

假设我们的语料中一共有 5 000 个句子，“计划”一词共出现在 800 个句子中，出现的总次数是 1 000 次，语料中的总词数是 80 000 个，则“计划”一词的计算过程和结果就是：

TF-IDF = TF × IDF =（1 000 / 80 000）× lg（5 000 /（1 + 800））= 0.009 942

在得到了每个词的权重之后，就可以对一句话中所有的“词向量”进行加权平均来得到一个用于表示句子的“句向量”，之后就可以计算和词库中语句的相似度并找到最相似的句子。

这种方法依赖于语料库中有一定数量的用户话术，同时还需要很多手工标注的工作来对每个话术的意图进行标注，话术越多越不容易遗留问题。

方法三：监督式学习模型

“意图识别”是属于典型的“分类问题”，可以用机器学习中的监督式学习的分类算法来实现，但监督式学习模型的实现和“方法二”一样，需要一定数量的语料库并对其中的每个语句进行标注，之后再给到具体的算法模型进行训练。这种方法需要用 Word2vec[2]、N-gram[3] 等统计机器学习相关的方法来提取句子的特征，之后再通过“支持向量机”[4]“logistic 回归”“随机森林”[5] 等算法进行训练，在这里就不详细展开了，感兴趣的读者可以查看相关的文献。

（2）自然语言生成：给用户发送任务提醒消息

识别完用户的任务信息后，就可以在任务即将到来的时候生成提醒消息并发送给用户。在实现上，主要有以下方法：

方法一：数据合并

这种方法是指简单地将用户需要的项目通过表格或者更简单的方式罗列，直接输出给用户，或者填写到如 Excel 这样的数据源中，实际上没有什么技术含量。比如发现用户在询问某个具体事项的时间，直接向用户输出“时间：明天上午九点”，虽然直接满足了用户查询的需求，但不太符合正常聊天的沟通方式。

方法二：模板化生成

这种方法是指手动编写好对应不同意图的文本信息，并在其中预留出填写数据的位置，之后将提取到的用户需要查询的信息填入其中来生成话术。比如针对用户查询一个任务的具体信息，需要预先编写一个模板消息，比如“您要查询的计划安排是{任务}，时间是{日期}：{时间}，去{地点}”，那么查询到具体信息后，通过将关键信息填入 {} 括号中，来完成语句输出，当然模板中也会包含很多连接词来将关键信息组织得更像自然语言。有的时候一句话可能是由多个句子组合在一起的。

方法三：机器学习模型生成

RNN（Recurrent Neural Network，循环神经网络）[6] 相关的模型在语句生成中应用广泛，这种形式的自然语言生成更像人类生成语言一样，前提是需要有完备的训练数据集，并且需要包含上下句的信息标注，这样算法才能学习到词和词之间连接的概率。当你将语句中的词一个一个输入到模型网络中，输入端会完成输入的词对应词向量的预测工作，进而完成输出。

但在面向具体任务的对话场景中，这种方法就不太适用了，方法二会比较好实现。原因是，一来垂直任务场景中语料数据往往较少，无法满足机器学习甚至深度学习算法的数据量要求；二来生成的话术中包含了大量规则化存储在数据库中的信息，端到端的算法生成的话术难以预测定位到数据中的具体数据，而直接匹配关键词进行查询在此时是更直接和简单的实现方式。

4.2 人工智能帮你做垃圾分类

随着 2019 年 7 月上海开始实行垃圾分类，人们的环保意识在逐渐提高，越来越多的城市开始了垃圾分类工作。和以前粗犷的垃圾扔弃相比，垃圾分类不仅可以有效地循环利用资源，也可以降低不可回收垃圾对居住环境的影响，改善城市垃圾循环利用效率低的问题。但在新闻、热搜上面，我们经常看到的是“扔一杯奶茶需要分四步”“是干是湿，让动物试吃”类似的段子。因此在这一节，我们看看人工智能如何帮助解决垃圾分类的问题。

第一步，定点：确定场景中的落地点

先要确定垃圾分类的标准，按照上海的垃圾分类标准 [7]，将垃圾分为：干垃圾、湿垃圾、可回收垃圾、有害垃圾。从垃圾分类的使用场景上，可以分成以下两种：

（1）场景一：图像识别垃圾分类

当我们扔垃圾的时候，通过摄像头识别我们需要扔的垃圾所属的类别。人工智能识别垃圾类别之后，我们按照给出的类别将垃圾扔进对应的垃圾箱内。这种使用场景属于图像分类场景，需要有大量已经标注好类别的图片数据集，并且物体类别要覆盖日常垃圾的种类。

（2）场景二：通过语言、文字进行类别查询

无论是通过语音识别将人的话语转换成文字，还是直接通过文字输入的方式进行垃圾类别查询，这种场景主要是使用物品名称来查询公开的垃圾分类 API 或者数据库，以此判断具体的垃圾类别。在这种场景中，人工智能所起的作用主要是对不同的文字表述进行物体对应。人的表达方式是多种多样的，比如“青菜”，人们在询问人工智能的时候，可能说的是“菜叶子”“菜心”等，但数据库中难以穷举人们描述同一个物体的方式，数据库中可能只存储了“青菜”，因此人工智能的任务就是将人们采用的多种自然语言的表达对应到具体能够查找到的垃圾类别，来帮助我们进行垃圾分类。

在这两种场景中，使用的人工智能技术是不同的，“场景一”主要是利用深度学习中的卷积神经网络算法；“场景二”中应用的是自然语言处理相关技术，比如 4.1 节通过“词向量”来计算不同语句相似度的方法也是类似的技术。

第二步，交互：确定交互方式和使用流程

若通过图像来识别垃圾分类，使用流程比较简单，如图 4-3 所示。

（1）图像录入

一般通过摄像头拍照来完成数据的输入。

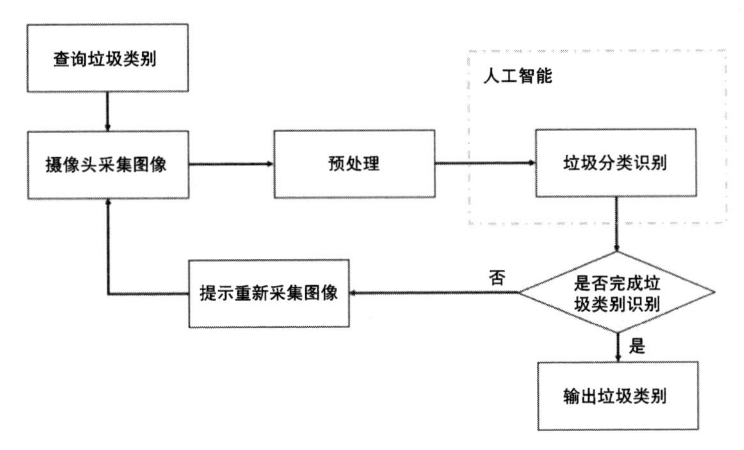

图 4-3 图像识别垃圾分类

（2）图像预处理

主要是按照算法模型要求调整图片大小以及二值化等图像处理操作，这些预处理是根据你选择的算法来确定的。在训练过程中使用了哪些图片预处理的方法，在后续使用模型的时候也需要经过相同的预处理方法。

（3）类别识别

通过训练好的垃圾分类模型进行垃圾类别的识别，如果识别成功则会告诉我们具体的垃圾类别，我们按照其类别进行投放即可；若识别失败，可能需要调整图像录入的角度或在图像中的相对大小，来重新录入图像，因为原始训练数据难以覆盖具体物体的各个姿态和位置，因此会出现识别错误或无法识别的情况。

若用“场景二”语音识别来识别垃圾，如图 4-4 所示，由于查询垃圾的具体类别是通过查询 API 或者数据库的方式，人工智能在这里的用途有两个：

一是从文字消息中或者语音识别后的文字中，提取出来具体待识别的物体名称。比如从“帮我查查鸡骨头是什么垃圾”中提取出要查询的物体是“鸡骨头”；

二是当通过物体名称无法查询到分类结果时，能够找到和查询物体“名称不相同”，但其实是“同样的事物”。比如用户表达是“帮我查查菜叶子属于什么垃圾”，数据库中可能没有“菜叶子”这个类别，但是有“蔬菜”，而“菜叶子”“蔬菜”“菠菜”这些都可以归为一类，因此第二个用途就是来完成这种对应关系。

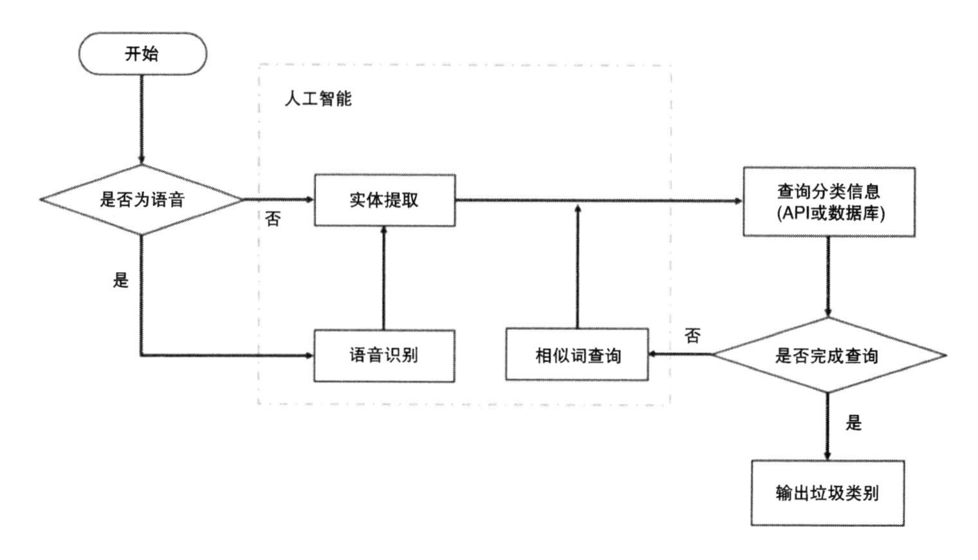

图 4-4　通过语言、文字进行垃圾类别查询

第三步，数据：数据的收集及处理

对“场景一”图像识别来说，我们最需要准备的就是不同类别的图片以及对应的标注数据，用垃圾分类的四个类别作为标注数据，干垃圾、湿垃圾、可回收垃圾、有害垃圾分别对应标签为“0”“1”“2”“3”，再将数字标签信息标注到各个图片上，如表 4-2 所示。

表 4-2　图片标注示意

图片地址	标签
图片地址 1	0
图片地址 2	2
图片地址 3	1
……	……

对于图片集的收集，一般来说可以通过开源图片集收集，也可以通过“爬虫”技术收集一些合法的公开来源的各种类别的常见垃圾图片，再通过图片对应类别对应到垃圾分类的标签来完成半自动化的图片清洗和标注工作。

如果图片数量不够或者希望通过更多图片来提升模型表现，可以通过图像增强的方式，比如“鸡骨头”这个类别的图片只有几百张，而其他类别的图片至少有几千张，这样在深度学习模型训练的时候，模型肯定会更偏向于对更多图片类型的物体进行识别，这可以理解为，模型看某个类别图片多了就更容易“记住”它。为了解决这些问题，可以通过对图片进行旋转，缩放、比例变换，调整亮度和对比度，也可以通过对图片进行切分或部分遮挡的方式来提高比例较少图片的数量，进而提高模型的鲁棒性。

在“场景二”语音识别中，由于查询是通过 API 或者查找数据库中的数据的方式，人工智能在这里的用途分为“语音识别”“实体提取”“相似词查询”，其中“实体提取”“相似词查询”需要做一些数据上的准备和处理。

对“实体提取”来说，需要有一个标注类别的数据库，可以支持我们对用户输入语句分词之后，完成对具体词“词性”或“类别”的标注，这样对于用户输入中的名词或者具体类别的事物，就可以判断是需要查询类别的垃圾。需要注意的是，由于在语句中不同词的用法和在语句中的上下文位置信息会体现词的信息，因此可以通过词语的用法来度量其相似性，所以我们收集的场景中的语料信息越多越好，参考公开的语料库数据就是不错的选择。

第四步，算法：选择算法及模型训练

（1）场景一：图像识别

在“图像识别”中，主要用的是深度神经网络中的卷积神经网络模型，它可以直接通过图像进行模型输入而无须额外的特征抽取工作，除此之外，还有以下三个原因导致卷积神经网络常被用于图像领域：

原因一，卷积操作适合处理图像

卷积神经网络的网络结构对平移操作、比例缩放、倾斜操作或者其他形式的变形具有高度不变性，非常适用于计算机视觉领域，同时卷积操作[8]利用空间中的像素之间的关系极大地减少了需要学习的模型参数数目，并以此大幅度增强了算法的训练性能。

原因二，卷积神经网络的特征处理器降低模型过拟合风险

卷积神经网络模型还包含了卷积层、池化（下采样）层等构成的特征提取处理器。在卷积神经网络的一个卷积层中，通常包含很多个特征图，每个特征图由很多神经元所组成，在同一个特征平面上的神经元共享网络权值。共享权值（卷积核）带来的直接优点是减少模型各层之间的连接，模型过拟合的风险和模型复杂度也被降低了。

原因三，“权值共享”适合处理图像这种高维度数据

“权值共享”这种特殊的网络构造类似于生物的神经网络，通过“权值共享”极大地减少了模型中连接的数量、权值的数量，降低了网络模型的复杂性。当网络输入如多维图像的高维度数据时，这一优点表现得尤为显著，因此卷积神经网络可以直接使用原始图像作为输入，不再需要传统识别算法中包含的多种复杂的前期处理和数据构建过程。

一般我们在训练卷积神经网络模型的时候，都是选择一个“预训练模型”[9]，在此基础之上进行训练可以有效缩短模型训练、学习的时间。“预训练模型”是一个在其他图像识别任务中已经学习好的模型，模型内部已经学习到对很多图像细节特征的表示，我们只需要将模型按照任务的要求进行调整性的学习即可，不需要从头训练一个卷积神经网络，缩短了模型训练的时间并降低了模型过拟合的概率。在这里可以使用 ImageNet[10] 分类任务中的开源模型 ResNet[11] 来作为构建垃圾分类模型的“预训练模型”。分类模型的最后一层输出的节点数往往对应着当前待分类的类别数，因此需要将 ResNet 模型最后一层输出从 1 000（ImageNet 分类任务的物体类别数量）修改为 4（垃圾分类场景中的分类数量）即可，并利用原模型内部参数作为新模型参数的初始化。

将我们准备的打好标签的图片数据分成训练数据集、测试数据集、验证数据集，使用训练数据集的图片进行训练。在训练过程中，当输入图片模型预测类别和实际标注不一致时，通过“梯度下降法”[12] 来调整内部模型的权重，以使得模型预测图片类别的准确率不断提高以满足场景的需求。当模型训练的准确率提升到我们认为合理的范围，就可以通过验证数据集进行验证，如果准确率和训练时准确率一致，则可以部署模型用于对我们输入的垃圾图片进行分类。

（2）场景二：通过语言、文字进行类别查询

按照“语音识别”“实体提取”“相似词查询”三个环节，分别展开介绍。

环节一，语音识别

语音识别的用途就是把用户的“声音”转换成为“文字”，如果用户通过输入框直接输入文字，那么就不需要“语音识别”这一步了。这部分需要技术上有很深沉淀的公司才能够做到满足用户的使用体验，个人开发者或者小的团队都是使用第三方开发好的 SDK 加入自己的场景中，很多大公司或者专门做语音识别的人工智能公司都会有相关的语音识别产品，比如“百度 AI 开放平台”，我们通过 API 调用它即可获得识别结果。这些商用的语音识别 SDK 在准确率上差别不是很大，大公司的识别词库会更全，适合更广泛的场景，但对于非常垂直的领域就不是很好了，这就需要自定义“词库导入”，这样用户可以自己上传一些垂直

领域的专业术语来解决这些问题。

语音识别在我们场景中不是必需的，因此技术细节就不展开讲了，感兴趣的读者可以查看相关的文献资料。我们需要知道通过“语音”让用户输入指令存在一些局限性，第一个局限是如果无法识别某些词或者垂直领域专业术语，那么后面的流程进行不下去，这样会给我们一种“人工智障”的感觉，就像很多新闻爆出来语音助手被人们“戏弄”一样；第二个局限是语音输入会受到很多环境因素的干扰，比如白噪声或者麦克风和人的距离等，这些环境因素也进一步降低了语音输入的有效性；第三个局限是有的场景出于对用户隐私的保护，也不适合使用“语音识别”。

环节二，实体提取

“实体提取”是从句子中提取出关键的内容用于后续的任务之中。如识别语料中的人名、地名、时间、货币等，我们的场景主要是从语料中提取出来用于分类的“物体名”。其流程可以分为四步，如图 4-5 所示。

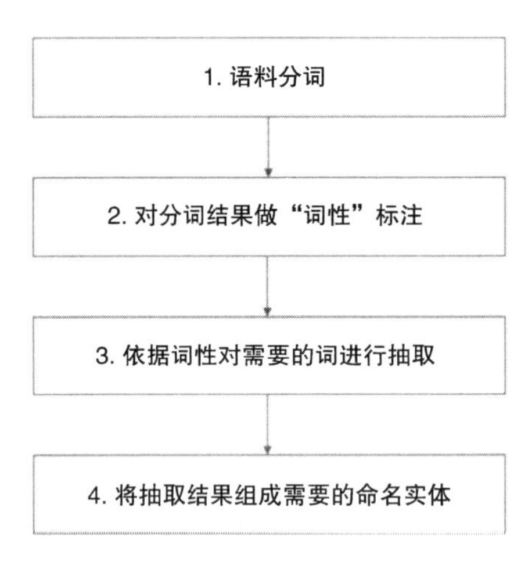

图 4-5 实体提取步骤

首先依旧是先对句子进行分词处理，这里可以使用开源的分词框架，比如Python语言中的“jieba”或者斯坦福大学、哈尔滨工业大学等一些高校开源的分词工具[13][14]。其次对分词结果进行“词性”标注，这里主要是通过标注对一些明显不属于我们所需要的词性进行过滤，方便之后按照我们的需要对词进行筛选、抽取，最后将得到的词组合，得到需要的实体。“实体提取”方法主要可以分为三种：

1）方法一：基于规则和词典。使用语言学家手工编写的规则模板，以模式匹配、字符串匹配为主要的方法，常见的特征有关键字、方位词、标点符号等。基于规则方法的速度要比基于统计的方法更快，同时也更便于理解，有了问题便于调整规则策略；缺点是手工编写规则依赖经验，建设一整套规则的时间很长，并且可执行性比较差；对于不同领域的语言数据冗余产生的错误，往往需要重新编写规则。

2）方法二：基于统计学的方法。对语料包含的语言信息进行统计和分析，从中挖掘出不同实体分类的特征表示。统计方法对语料库的依赖较大，当数据库中语料数量和质量可以满足要求的时候，基于统计学的方法就可以很好地应用，因为统计方法如机器学习、语言模型对特征的要求比较高，语料质量越高、场景覆盖越全，提取出的特征越能够有效反映实体特性。

常用的模型是“条件随机场”[15]“支持向量机”[4]“最大熵模型”[16]。其中“条件随机场”是一种判别式概率模型，常用于标注或分析序列型数据，给实体命名提供了一个灵活、全局最优的标注框架；“支持向量机”的相对训练时间最短，是一种监督式学习的分类模型，原理也是最简单的；“最大熵模型”训练时间长、复杂度高，有较好的通用性。

3）方法三：规则和统计学方法二者混合。目前主流做法是“少量规则 + 统计学模型”二者混合的方法，借助规则知识提前进行过滤，同时使用基于统计的方法，有助于模型训练更快收敛，并且达到最优状态。

环节三，相似词查询

当提取出来的词通过 API 或数据库查找垃圾类别时，找不到对应的物体，可能是因为对同一种物体的中文表达方式多种多样，不同地方的习惯用语也不一样，因此在标准的查询结果或数据库中找不到是很正常的，这时候就需要对查询的物体换一种表达形式来进行二次查找。

可以先看看有垃圾类别记录的物体名称里是否包含或者部分匹配我们输入的词语，如我们输入的是“菜”，系统里有“蔬菜”这个垃圾类别，我们输入的词属于完全被系统已有词“蔬菜”包含的情况，这样就可以直接通过蔬菜的垃圾类别来配对我们输入的“菜”；另一种情况是我们的输入词和系统已有词是部分匹配的，比如我们输入的是“白菜心”，系统中存有“白菜根”或者“白菜”，这个时候需要计算两个词之间的相似程度，相似程度可以通过将词切分成“单词”的形式，如“白 / 菜 / 心”，系统已有词也可以按照这种方式进行切分，之后计算两者包含相同单词的程度即可。当相似度数值超过一定阈值（如 60%）时，就可以将“白菜根”所属的垃圾分类匹配给我们输入的“白菜心”。

如果我们有很多语料信息，那么也可以通过相同词的上下文信息的相似度，计算词和词之间的“共现频率”来找到含义相同的物体词。这部分计算首先需要找到输入词和待计算词，经过分词之后，找到相似的句子，之后通过在相似句子中定位需要查询词的上下文来得到“共现频率”。从原理上可以简单理解为，当两个词总是在相似的句子中出现，并且在句子中所起的作用和词性也是类似的时，这两个词就有更高概率是在表达相同类别的物品。

还有一种方法就是通过“词向量”来将不同的词向量化，将词表示为一段数字，之后通过计算不同词之间的距离即可度量两个词的相似程度。关于词向量的计算，我们将在 4.3 节的案例中为您展开介绍。

除此之外，如果因为语料缺失或者实在无法找到具体物体类别，那么就只能通过系统反问的方式来让人工进行标注，之后系统将人工标注的信息记录到数据库中，来满足下次查询垃圾类别的时候能够给出正确分类的要求。

4.3 人工智能辅助知识点巩固

学生因为对某知识点掌握不全面，经常会因为同类型的问题丢分，因此在教学过程中，教师会针对错题出一些相似题目，来帮助学生夯实知识点。常见的“相似题目”都是由老师或编辑精心筛选、手工添加的题目，这种手工添加的方式有两个问题：

一是非个性化，不同学生知识的盲区不一样，为了满足学生的需求，基本上这类教辅材料的所有题目的后面都添加了一两道相似题目，这样大部分题目下面的“相似题目”可能就不是用户的盲区，浪费了资料的版面，也浪费了学生来回翻页寻找自己需要的题目的时间。

二是效率低，学生在不了解自己对知识点的掌握情况下，会对错题进行大量的重复学习，存在已经掌握好同样的题目之后，重复夯实知识点的问题；同时手动添加题目也占用了老师的时间，难以针对学生提供个性化习题。

因此需要人工智能来帮助我们用提供“相似习题”的方式巩固知识点，既不需要老师用额外的时间手动编辑题目，又能够针对学生的掌握程度提供个性化的习题。

第一步，定点：确定场景中的落地点

根据学生知识点的掌握情况进行“相似题目推荐”，从技术角度需要做的事可以概括成“用户画像”和“相似题目推荐”，本节我们展开讨论“相似题目推荐”的场景。

通过自然语言处理技术度量题目之间的相似性，推荐和学生做错的题目相同的知识点的题目，从中我们可以看出场景中具体的落地点可以分成以下两个：

- 通过学生对知识点的掌握情况推荐对应的题目；
- 通过题目之间的相似性，进行相似题目推荐。

提到“推荐”，我们在日常生活中已经很熟悉了，比如浏览新闻时的“信息流”或者电商 APP 中的“猜你喜欢”。我们熟悉的“智能推荐”和“相似题目推荐”有以下三点不同：

- 新闻、电商等场景需要维持用户的新鲜感，因此在推荐内容中，会有一定比例的推荐是热点内容或者和用户当前的喜好不同的内容，通过添加一定的新鲜感来扩展用户兴趣边界的同时可以丰富用户画像的维度；从另一个角度上看可以减少质量差的内容泛滥，很多劣质内容的点击率很高，如果推荐系统只迎合用户的喜好，最终可能会造成平台上“劣质内容”泛滥，有价值的内容无法有效触达用户。针对具体知识点的题目推荐不注重“新鲜感”，只要做到精准推荐同一知识点的相似题目即可；
- 新闻、电商的推荐往往有很强的时效性要求，而在我们推荐题目的场景中时效性要求不高；
- 新闻、电商一般有明显的类别和标签信息，并且题目一般都比较短，大部分题目不包含涉及知识点的文字信息、类别和标签信息，然而对于题目推荐来说，关键点在于如何挖掘题目之间的相似性，做到知识点关联题目。

第二步，交互：确定交互方式和使用流程

从学生接触题目的日常学习流程上看，交互方式分为两种：一种是信息流式的题目推荐，在学生做题的过程中，根据学生的完成情况来调整后续推荐题目的知识点分布；另一种是在做具体题目的过程中，通过点击“相似题目”来主动查看相同知识点的题目。下面我们来看看这两个流程。

（1）信息流式的题目推荐

比如我们给学生提供了一个可以网上做题的网站，如果做对了题目，那么学生对相关知识点的掌握权重就提高了一些；如果做错了、长时间页面停留未完成或跳过题目，则学生对于相关知识点的掌握权重就降低一些。这种通过交互来逐渐为学生画像的方式类似于在新闻推荐系统中，通过用户的点击、浏览、评论、分享等操作，系统就会根据文章、内容标签给相应的用户打上兴趣标签和权重。在推荐题目中，我们可以提高学生掌握情况不好的知识点的题目推荐比例，让学生能够学习、强化这些知识点。

（2）相似题目推荐

在学生做题的过程中，在题目页面添加一个“相似题目”的按钮，点击按钮后，自动展示相似的题目，这种“相关推荐”在寻找题目的时候无须学生的“知识点画像”，而是根据学生查看的题目，从题库中匹配相似度高的题目。

通过学生的做题情况，还可以发现潜在题目的知识点，因为大部分题目的原文中没有明显包含知识点信息，而学生对知识点的掌握程度在一小段时间内是相对固定的，因此学生的掌握情况也可以用于反推题目的知识点标签，以此建立相同知识点题目的关联。比如如果发现经常答错“题目 A”的学生也经常答错“题目 B”，但题目 A 和题目 B 是属于不同的知识点标签，那么这两个题目可能有某些隐含的关联，后续有学生答错“题目 A”的时候，也可以向他推荐“题目 B”。

第三步，数据：数据的收集及处理

在本节场景中的两种推荐方式的关键是如何为题目打上“知识点”标签，假设我们已经有了题库数据，对于题库中题目的标签信息来说，主要有两个难点：

一是已有的标签较少。因为老师精力有限，大部分题目不一定会有明确标注的知识点信息；二是同一个题目可能包含多个知识点信息，但标注信息不全，因为题目可能出现在书本的某个章节中，标注的知识点可能只有对应章节的知识点，但题目中可能会涉及其他知识点。

可以按照如下步骤来处理题目数据：

1）建立知识点体系：将所有知识点制成一个统一的知识体系表。

2）通过题目内容来打标签：一定比例的题目是可以通过上下文信息、题目内容本身来标注的，比如利用题目所属章节的信息，或题目原文的知识点信息，如题目中包含了加速度、力等，优先把这些已有标签的题目和知识体系表里面对应的具体知识点建立关联。

3）处理特殊题目、多标签题目：对于既没有知识点标签，又很难通过题目本身信息标注的题目手动打上知识点标签，比如应用题。同时很多题目会涉及多个知识点，因此单个题目会有多个标签，比如常见的“下列说法正确的是？”，这种题目涉及多个知识点的正误判断，明显的多标签题目可以在处理过程中人为添加知识点标签。

4）基于统计学方法来度量题目之间的相似性：将没有标注的题目和已经标注的题目进行关联，当二者相似度阈值大于一定数值时，就可以用已经标注过的题目的标签来对未标注的题目进行标注。用统计学的方法可以处理一部分题目的标注，比如对于相同场景下通过修改参数和语句排序来形成的衍生题目，用原题目知识点为这些题目标注即可。

其他题目需要通过“词向量”等自然语言来处理，这也是下文算法讨论的重点。

第四步，算法：选择算法及模型训练

算法部分主要包含两个方面：一方面是通过自然语言理解来计算题目之间的相似度，用于给无知识点标签的题目添加标签，同时也用于直接做相似题目推荐；另一方面就是在通过知识点和标签信息来对题目、学生进行画像后，根据学生掌握知识点的情况个性化地推荐题目。

在题目相似度的计算中，输入是两个题目的文本内容，输出是它们的相似度，即一个 0 ~ 1 的小数，换算成百分比来表示二者的相似性。文本相似度计算方法有两个关键步骤，即“**文本模型表示**”和“**相似度度量方法**”，前者需要我们将“题目”表示为一段计算机可以读取和计算的“向量”。那么如何得到一个句子（题目）的向量表示呢？就需要从更细粒度的“词”入手，最简单的表示句子的方式就是用“词向量”，通过求和平均的方式来得到句子的向量表示。比如“速度不变，加速度一定为零”这个判断题，经过分词之后，这句话的词构成为“速度 / 不 / 变 / 加速度 / 一定 / 为 / 零”，当每一个词的词向量的维度一样时，在每个维度上就可以用求和平均来计算题目的向量表示，如图 4-6 所示。

当然通过“词”来表示句子还有不同的方法，如“词袋模型”[17]、“N 元模型”[3] 等，下面重点讲解如何把“词”表达成图 4-6 中的“词向量”。

Word2vec（word to vector，用来产生词向量的相关模型）[2] 就是将词转化成计算机可以处理的数值形式表示的常用方法。它的原理是 A 是句子里面的词，B

是它的上下文的词语，那么在语言模型中，我们通过B经过模型计算去预测A，模型训练的目标就是尽可能让A和B放在一起像是一句完整的句子。在这个过程中模型训练得到的模型参数就可以作为“词语A”的一种向量表示。换句话说，Word2vec就是借助神经网络模型，用句子上下文关系来进行模型训练，从而得到“词”的向量表示。

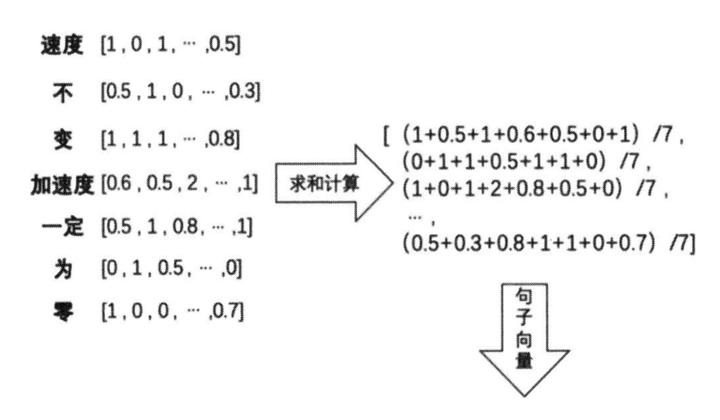

图4-6 通过“词向量”计算“句向量”

Word2vec有两种模型形式：一种是CBOW（Continuous Bag-Of-Words Modelling，连续词袋模型）[17]，意思是以词语上下文信息作为输入，来预测具体词语，有点类似于我们熟悉的“完形填空”；另一种是Skip-gram（Skip-gram Model，跳字模型）[18]，它和CBOW是相反的，通过词语作为输入来预测其上下文。

让我们举一个例子来详细说明。假设我们只有一个句子“我想学习数学”，那么经过分词之后，这句话会分成“我/想/学习/数学”，整个由句子之中不同词所构成的词汇表的大小就是4，并且只有这四个词。

在输入到模型中训练时，不能直接使用文字进行输入，而是需要在训练完成前给不同词语一个数值型的表示方法，这里的方法可以是 one-hot encoder[19]（独热编码），即简单地用一个只含有一个“1”，剩下全是“0”的向量来表示词语，向量的长度是所有题目分词之后统计的不同词的数量。那么“我”可以表示为“[1，0，0，0]”，“想”可以表示为“[0，1，0，0]”，“学习”可以表示为“[0，0，1，0]”，“数学”可以表示为“[0，0，0，1]”。

根据 CBOW 的原理，它是通过一个词周边的 N 个词来预测中间的词，那么可以假设“$N=1$”，在我们的句子中举例，就是通过“（想，数学）”两个词来预测中间的“学习”。

如图 4-7 所示，我们展开讲解模型的部分。

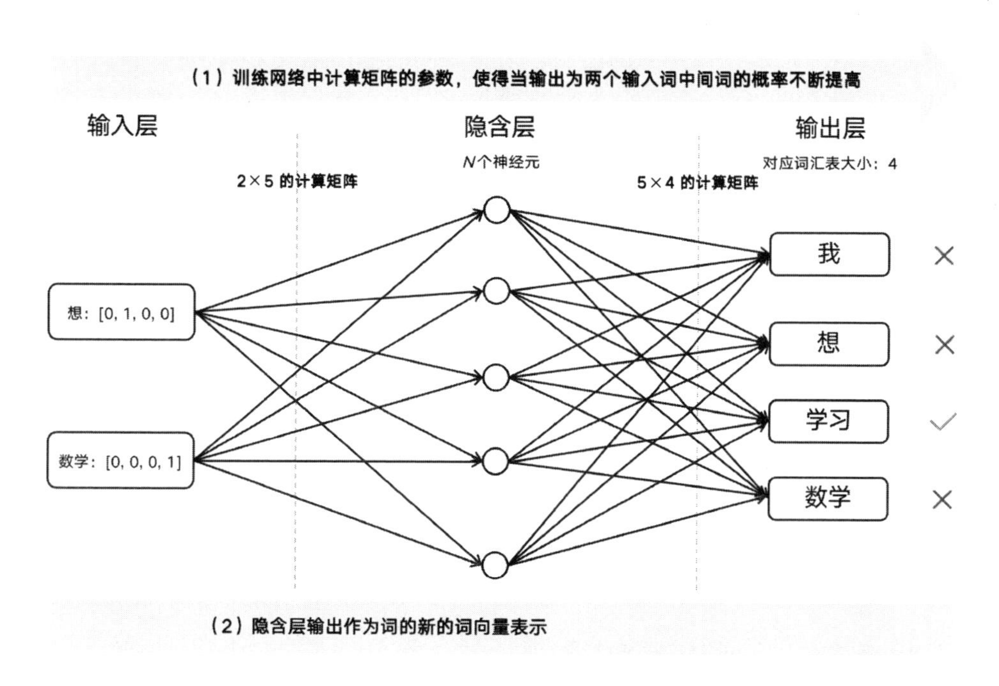

图 4-7　连续词袋模型示意图

因为我们刚才已经假设了 N 为 1，将“想：[0，1，0，0]”和“数学：[0，0，0，1]”作为模型的输入，因此模型的输入层只有两个神经元。模型隐含层神经元的个数就是我们最终训练得到“词向量”表示的维度数，比如我们希望最后通过一个 5 维向量来表示每个词，那么模型隐含层的神经元数量就是 5。而整个模型的输出层神经元的个数和我们当前的词汇表的大小一致，每个输出表示词汇表中的某个词，假设词汇表的大小为“$\boldsymbol{V}$”，那么模型输出的向量就是一个“$1 \times \boldsymbol{V}$”的矩阵。

在模型隐含层得到的输出是通过输入向量经过计算后取平均值得到的一个新的“$1 \times \boldsymbol{N}$”的向量，在这之后在把这个输出向量和一个“$\boldsymbol{N} \times \boldsymbol{V}$”的矩阵相乘就得到了一个“$1 \times \boldsymbol{V}$”的矩阵，其中“$\boldsymbol{V}$”就代表了词汇表中的每个数，这层计算的作用就是把模型隐含层的输出结果映射到词汇表中。之后这个“$1 \times \boldsymbol{V}$”的向量经过 Softmax[20] 操作，把每个“$\boldsymbol{V}$”的数值转化为一个“0 ~ 1”的概率，这个概率就代表着通过模型输入层的输入，模型预测的输出结果为某个词的概率。经过计算之后，概率最大的那一列就对应着模型输出的词。在我们的例子中，当输入为“想”“数学”时，那么对应概率最大的应该是“学习”所对应的列；如果不是，就说明隐含层和隐含层到输出层计算的矩阵参数不符合要求，这就需要通过“BP 算法（Back propagation algorithm，反向传播算法）”[21] 来不断调整这两个矩阵的参数，直到输入的两个词能够预测中间的词，这个过程就是模型训练的过程。

当我们的模型训练得到符合我们预期的程度时，每个词原先的 one-hot encoder 编码向量（格式为“$1 \times \boldsymbol{V}$”的矩阵）和隐含层的矩阵（格式为“$\boldsymbol{N} \times \boldsymbol{V}$”的矩阵）做矩阵乘法计算，最终就得到了一个 $\boldsymbol{N}$ 维的向量，这个向量就是我们最终得到用来表示这个词的“词向量”。

对于 Skip-gram 模型，则是通过选中的某个词来预测它周边的 N 个词，比如通过“学习”去预测“想”和“数学”。模型的训练过程和 CBOW 基本相同，区别就是 CBOW 模型的输入是多个词（例子中的设定是 2），因此需要把隐含层计算的结果累加取平均值，但 Skip-gram 是不需要这个过程的。

这两种模型的实现有很多开源的词向量工具包，直接使用这些工具包即可，在这里推荐两个，一个是开源词向量工具 Word2vec[2]，另一个是脸书的词向量工具 FastText[22]。当你使用这些工具包时，只需要准备好数据，并在实施的时候调整模型的参数即可。

得到词向量表示后，就可以用 4.1 节中提到的方法来计算每一个句子（题目）的向量，之后通过相似词计算就可以度量不同题目的相似性了。相似度高的题目既可以进行相同知识点的标注，又可以给学生进行相似题目的推荐。

4.4 人工智能制作凡·高式艺术图片

熟悉摄影的朋友肯定都接触过滤镜，通过给图片添加滤镜，来让照片呈现出不同的颜色和样式，也可以突出照片中的人物或风景。人工智能也可以对图片进行风格样式化处理，让其更具“艺术感”，比如之前爆火的图像处理应用 Prisma 使用“图片风格迁移”技术，让照片的内容和艺术作品的风格进行融合，把照片处理成类似艺术作品的样子。

本节将介绍如何通过人工智能给你的图片添加凡·高式艺术画作的样式效果。

第一步，定点：确定场景中的落地点

“图像风格迁移”是指改变图像风格，使它和另外的图像风格尽可能相似，同时保留它原有的内容，从而让图像看上去就像艺术创作的作品一样。换句话说，就是指定一个内容图像 A，再指定一个风格图像 B，将二者融合在一起创作出一个新的图像 C。

“图像风格迁移”有很多种实现的方法，其中两种比较常见：

1）方法一：基于图像迭代的方法。这个方法需要制作一幅由随机噪声生成的初始图像，然后定义它分别和“风格图像”及“内容图像”的偏差，通过不断反向传播迭代更新这个初始图像的像素值，最终得到艺术图像。这种方法可控性好，同时也无须训练模型，但每次都需要初始图片重新训练，因此耗时较长。

2）方法二：基于模型迭代的方法。针对特定的“风格图像”提前训练一个神经网络模型，通过训练来更新模型的参数，最终得到一个能够给输入的“内容图像”添加艺术风格的网络模型。在模型训练完成后，这种方法计算速度快，同时也是目前工业应用软件主流使用的方法，但牺牲了模型一定的灵活性。

在本节中介绍的实现方法是“图像风格迁移”的方法一。图像是由若干个像素点构成，像素点由“R”（红色）、“G”（绿色）、“B”（蓝色）三个通道构成，像素和像素之间的连接构成了我们看到的纹理、样式等信息，“艺术图像”的生成过程是调整生成图像的像素取值，让生成的图像 C 的风格和图像 B 更相似，图像 C 的内容表达尽可能和图像 A 保持一致。人工智能在场景中的落地点就是通过模型的抽象来表征图像的内容、风格，之后分别计算对应特征和原先图像 A 和 B 的差异。通过对初始图像像素值的不断调整，使得模型提取的内容特征和内容图像 A 的差异越来越小，同时风格特征和风格图像 B 的差异越来越小。经过多次迭代后，就可以得到我们所需要的“艺术图片”。

第二步，交互：确定交互方式和使用流程

交互的流程比较简单，只需用户指定“内容图像 A”和“风格图像 B”，以及“权重参数”即可。“权重参数”是用来对生成图像相较于 A 和 B，在“内容”和“风格”差异上的权衡，用来融合两边差异的计算权重。当风格对应的权重更高时，我们生成的“艺术图片”就会更加“艺术”，更抽象；当内容对应的权重更高时，生成的“艺术图片”就会更加偏向于原始图像 A，更加贴近原始内容。

第三步，数据：数据的收集及处理

在这个场景中，需要准备“预训练模型”材料、内容图像 A、风格图像 B，以及一个由随机噪声生成的初始图像 C。其中“预训练模型”可以选择已经训练好开源的卷积神经网络模型，比如图片分类中的 Image-Net[10] 数据集预训练的模型。在这里我们选择牛津大学计算机视觉组（Visual Geometry Group，VGG）和 DeepMind 公司的研究员一起研发的新的深度卷积神经网络 VGGNet[23] 模型。

第四步，算法：选择算法及模型训练

在整个算法部分（见图 4-8），我们只需要解决以下两个问题。

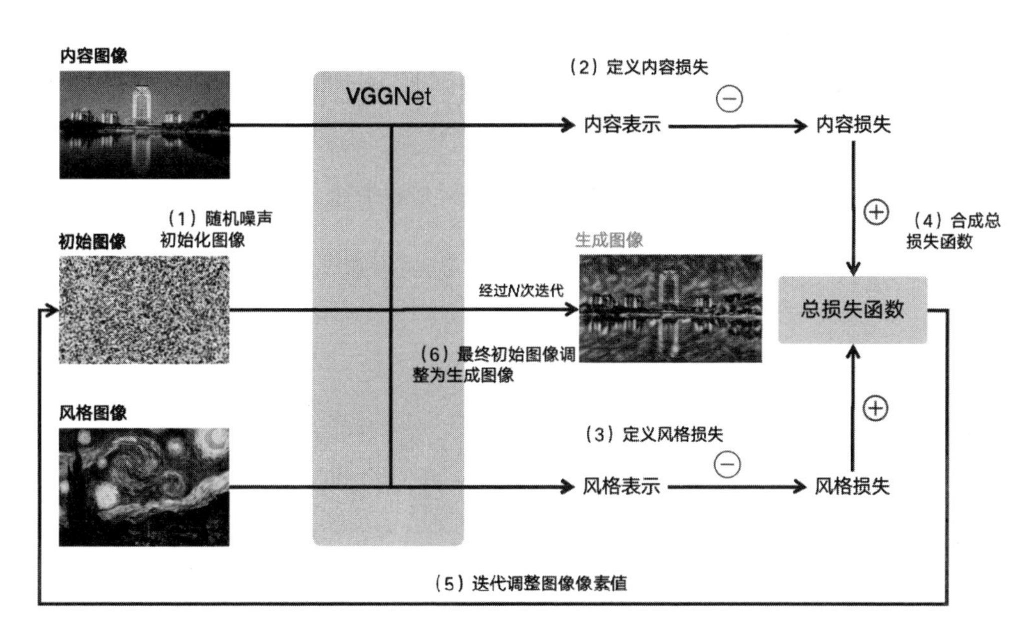

图 4-8　图像风格迁移

- 问题一：如何表示图像的“内容”和“风格”；
- 问题二：如何度量图像和其他图像在“内容”和“风格”上的偏差。

（1）生成随机图像

随机生成一幅噪声图像，初始图像可以使用“高斯分布”初始化一幅白噪声图像，这个随机生成的图像就是我们通过不断调整它的像素值，最终得到的风格化后的图像。

（2）特征提取

“特征提取”的目的主要是为了定义图像的“内容”表示和“风格”表示，以便于度量待生成的图像和我们指定的“内容图像”和“风格图像”的差异。

卷积神经网络模型可以层次化地从图像像素上对图像的特征进行抽取，来表示图像各“视觉层次”的特征。生物学家证明了人脑在处理眼看物体的时候具有不同的“视觉层次”。当你近距离看一个物体的时候，抽象层次较低，这时我们能够看到物体清晰的纹理特征；当你远距离观察该物体的时候，看到的则是其大致轮廓，由近及远，从“纹理”到“轮廓”，就是我们所说的“视觉层次”。卷积神经网络所实现的就是这种类似人眼来对输入图像进行分层的机制，靠近神经网络输入层所提取的特征是“点”“线”“色块”这种浅层特征，类似我们近距离观察图像时所看到的；靠近输出层所提取的特征是“边缘”“轮廓”这种深层特征，类似我们远距离看图像时所看到的。

因此我们可以使用卷积神经网络中间层的特征图来表示图像不同层次的特征，用 VGGNet 模型中间层和输出层之间的特征来表示图像的“内容”信息，通过这种类似物体轮廓、位置的表达来对“内容”进行抽象。当特征图对应输出的网络层选择太靠前时，最终生成的图像的内容表达就会更加“细腻”，从而无法表达图像的内容；选择靠后时，特征图会从宏观上更像内容图像，从而达到更好的效果。

而图像的“风格”，其实就是图像基本形状与色彩的组合方式。比如当我们近距离观察《向日葵》，会发现物体的边缘经常是黑色的，而相对圆润的部分则是通过金黄色表示的，这种笔触和颜色的组合就类似我们所理解的图像风格。当卷积神经网络完成训练后，在可视化浅层特征图时，就可以发现每个特征图所表达的具体的风格细节，因此在图像风格迁移的时候，通过浅层的特征来表示特征就可以从内容图像中去寻找对应的图像细节，并对图像细节的色彩进行调整，以达到我们上面提到的这种匹配关系，因此就会使得生成图像的风格和风格图像相似。

总结来说，当我们使用 VGG-19 模型的时候，可以用较深层的特征图，比如用 Relu3_3 分别提取“内容图像”和“生成图像”的内容表示，使用较浅层的特征图，比如用 Relu1_2、Relu2_2 等来分别提取“风格图像”和“生成图像”的风格表示。关于 VGG-19[23] 的模型详细介绍可参考相关的论文内容。

（3）定义损失函数

当我们分别提取了生成图像和指定图像的“内容”和“风格”表示之后，“损失函数”主要用于评估图像提取特征之间的相似性，表示“生成图像”分别和“内容图像”及“风格图像”的差异。度量“风格”特征图之间的相关性需要借助“Gram 矩阵”[24]，它就是对卷积神经网络卷积层输出的特征图，通过转置并相乘得到的矩阵，是一种数学中的矩阵运算，比如生成图片的“风格”和风格图片的差异，其实就是不同特征图两两之间的相关性。之后通过以两个图像的“Gram 矩阵”差异最小化为目标，不断调整生成图像即可使其“风格”不断接近“风格图像”。

选择出来的卷积层输出的特征图通过这样的方法就可以分别度量生成图像在“风格”“内容”两个维度和初始选择图像的差异，这种“差异”就是“损失”。按照我们上文所述，所生成的艺术图像，需要在内容上尽可能和我们定义好的内容图像接近，风格上尽可能接近风格图像，因此需要用对应输出层定义的“内容损失函数”和“风格损失函数”加权后作为总的损失函数。

（4）迭代训练

如图 4-8 所示，通过正向的计算来得到图像在“内容”和“风格”上的差异，再将“损失函数”计算的结果通过“反向传播”的方式不断调整初始图像的像素。这种“图像风格迁移”的方法不需要训练网络结构内的任何权重参数，只调整生成图像的元素即可。当训练完成时，我们最开始随机生成的初始图像就会变成我们想要的“艺术图片”。

4.5 人工智能大模型生成电商素材

4.1 节的案例是一个传统语言模型应用的例子，本节将为你介绍当下火热发展的大模型的落地实操案例，通过生成电商素材，手把手教你如何使用自然语言大模型，为你讲解“Prompt 提示工程”应该怎么做。无论是使用大模型的对话服务，还是通过 APP 生成艺术图片，都需要人工输入提示词给人工智能，也有专家认为“未来提示词就是生产力”。

Prompt（提示词）就是提供给人工智能模型的输入文本，用于指导模型输出合适的回答。以往人工智能只能完成单一的具体任务，如信息抽取、词性标注、情感分类等，现在大模型是多任务的，是个“通用”人工智能模型，它需要我们来告诉它需要完成什么样的任务，输出什么样的答案。这样让我们当面对不同场景下的任务时，可以使用同一个模型服务，让人工智能的门槛变得更低，大家不再需要学会标注数据、训练模型来完成自己的任务，只需要学会“指导”人工智能输出答案。大模型是一种语言模型（又叫“自然语言模型”，LLM），这就是说如果我们把语言看作一个一个词（技术领域称为 Token）的序列，那么语言模型的工作任务就是根据已经给出的“词序列”来预测之后的词，并把输出的词拼接到提示的“词序列”中，再继续预测。

第一步，定点：确定场景中的落地点

在我们的案例中，要使用 Prompt 提示，来让大语言模型服务帮助我们优化 / 生成商品的标题、商品描述等文案信息，这是整个电商素材优化步骤中的一部分。

第二步，交互：确定交互方式和使用流程

这里的使用方式有两种，第一种是使用大模型提供的聊天服务，通过“对话”形式来输入提示词，之后得到聊天机器人的输出结果；第二种是因为很多大模型服务提供对外调用的 API，可以通过 API 调用的形式来完成提示输入并取到返回的结果。

第三步，数据：数据的收集及处理

由于使用成熟的大模型服务，此处我们不涉及标注数据和训练模型的过程，数据收集就是在 Prompt 提示词中给人工智能输入的指令信息，由于我们需要对商品的标题和描述文案进行优化 / 生成，那么有关商品的基本信息越多，越能够指导大模型产生更好的输出效果。这里需要的商品基本信息包括商品标题、商品描述（若有）、生产商、关键词、款式、使用场景等。

第四步，算法：选择算法及模型训练

这里我展开讲解如何做“Prompt 提示工程”。由于市面上关于提示工程有不少文章和课程，下面我直接介绍我日常使用 LLM 时总结的公式。

Prompt 提示公式：

[角色][任务]：[说明][输入数据]，[输出格式]

比如在我们的案例中，一个完整的提示词如下：

你是一个电子商务营销专家[**角色**]，请你帮助我生成一个商品的描述介绍[**任务**]。

需要在商品介绍中突出商品的功能和使用场景[**说明**]。

这个商品的名是“莜麦面粉”，是一种粗粮，产地是内蒙古自治区，品牌名是“×××”，也被称为“燕麦粉”，是一种含有多种矿物质的粗粮面粉，易于吸收。采用石磨工艺去壳碾磨而成，粉质细腻，原味原香[**输入数据**]。

请帮助生成三组描述介绍，每组内容在300字以内，并返回列表类型的数据格式，列表内每个元素是生成的不同描述介绍[**输出格式**]。

公式中的不同部分在上面提示词中标注出来，下面对每个部分的注意事项分别进行说明：

1）角色：选填。在进行提示的时候，最好能够告诉人工智能需要它扮演什么角色、是什么身份，这样可以让它在生成答案的时候，更明确自己的场景。

2）任务：必填。通过描述性语言，准确告诉人工智能希望它执行的指令，注意不要使用疑问句等非描述性语言。

3）说明：选填。提供任务相关的上下文背景信息或种子词（及关键词），来为人工智能提供完成任务的语境。这有助于更详细地描述任务所处的场景，有助于引导它更好地响应你的诉求。提供的任务说明要公正，不要带有歧视或偏见。

4）输入数据：必填。告知模型需要处理的数据是哪些，或提供完成任务所需要的数据信息。这里可以参照人完成一件事所需要的信息来准备，但请注意，你输入的数据不能泄露隐私。

5）**输出格式：选填。**对人工智能返回的结果作格式和内容上的限定要求。如果没有对输出进行要求，那么人工智能就会完全以聊天对话的方式对生成的内容进行回答，这里可以限定输入长度的要求、输出个数、输出格式、输出风格和语气，也可以要求人工智能是否提供输出解释。

请注意以上各个部分的说明，其中“任务”和“输入数据”是必填项，其他部分都是选填项，比如最简单的提示词如下：

请将如下的中文翻译成英文：**[任务]**

今天的天气很好，我想出门打篮球。**[输入数据]**

“Prompt 提示工程”除了上述关键内容外，还需要掌握如下七个原则：

（1）原则一：简单清晰的陈述

输入的提示词应是清晰描述任务的最短语句，并且是以陈述句的形式来表达，当任务比较复杂时，为了将问题清晰描述，可以增加补充说明，或通过“分隔符”将不同输入部分的内容清晰区分。如使用“[]”“{}”“( )”“<>”等分隔符，杜绝歧义，这有助于人工智能理解我们的指令。就像写文章一样，需要使用段落和章节来区分不同部分的内容。

比如上面的例子，我们将使用分隔符区分不同的输入数据：

你是一个电子商务营销专家，请你帮助我生成一个商品的描述介绍。

需要在商品介绍中突出商品的功能和使用场景。如下是提供给你的商品信息：

< 商品信息 >

商品名称：莜麦面粉；

类型：粗粮；

产地：内蒙古自治区；

品牌：×××；

制作工艺：采用石磨工艺去壳碾磨而成；

特点：粉质细腻，原味原香，含有多种矿物质的粗粮面粉，易于吸收。

</ 商品信息 >

请生成三组描述介绍，每组内容在 300 字以内，并返回列表类型的数据格式，列表内每个元素是生成的不同描述介绍。

（2）原则二：拆分任务

我们解答一个问题时，会先从拆解问题开始，再一步步解决它。大模型不擅长解答复杂的推理问题，它的能力就是“根据上文内容逐步生成下文”。那么要让它解决一个复杂的推理问题，就需要通过对话逐步引导它。我们应对复杂任务进行拆分，把它拆解为多个简单的步骤，通过分步骤引导提示来让大模型深入了解我们的需求，这样可以显著提升人工智能回答的表现和质量。比如在“判断学生做题解答是否正确”任务中，提示时可以将这个任务拆分为先“给出人工智能对该问题的解答”，再比较“人工智能给出的答案和学生提供的答案是否一致”。

（3）原则三：限制人工智能输出的长度

在使用大模型服务时，我们会发现它根据提示词来“续写”的内容很发散，输出内容的长度不稳定，经常“啰唆”。保险起见，我们最好事先评估输出内容要求的长度，然后在“输出格式”中对其回答给出长度限制。

（4）原则四：目标明确

你的任务描述除了“简单清晰”之外，还应该足够明确和聚焦，尤其是在让人工智能帮助我们分析内容的场景中。如果你是一个要从事电子商务的非跨境商家，你需要了解近期电子商务的发展，当输入“请帮我分析一下电商行业过去的发展规律”时，人工智能会总结过去所有时间电商行业的发展，给出的回答也是宽泛的；但如果输入“帮助我分析一下过去三年电商行业在国内的发展规律”，即明确分析的时间范围和地理范围后，人工智能会给出更有用的回答。

可以从“处理 / 分析对象”“时间范围”“地理范围”“要求”这几个方面使目标明确，另外需要注意尽量使用通用名词，减少日常口头上的省略语、指代词语的使用。

（5）原则五：利用类比和示例

在 Prompt 中使用类比和示例，能够帮助人工智能更好地理解你的需求，并按照给出的示例来生成更准确、更符合要求的答案。例如，你希望让人工智能来“设计一个社交 APP”，如果在输入提示中给出一个已有的示例，那么它的回答会更有导向，比如你可以提示它：

你是一个产品设计师，请帮助我设计一个类似“微信”的熟人社交 APP，具有如下模块：发送文字 / 语音消息、语音 / 视频通话、联系人、朋友圈、注册 / 登录等功能，请对每个模块给出功能描述。

（6）原则六：要求模型自检查

如果你提供的上下文信息不足，人工智能无法按照指定的输出要求生成回答，那么你可以在提示词中让人工智能来检查生成的内容是否符合要求或假设。如果无法满足要求，可以让它停止执行或询问我们提供额外的输入数据，同样也可以通过提示告知人工智能对潜在的边缘情况模型应该如何处理。比如让人工智能从一篇文章中总结一些关键内容，如时间、地点、人物等，如果文章内容缺少某部分要求人工智能输出的结果，则可以在提示词中增加“如果其中某项信息缺失，则可以直接给出{未提供该信息}”。

（7）原则七：实验比追求完美的提示更重要

没有完美的提示词模板，也不可能尝试一次就得到完美的提示词，我们应当多尝试，不断迭代优化自己的提示词。在面对开放性、创作型的任务时，大模型存在输出不稳定的问题，当我们多次询问人工智能同一个非事实性的问题时，它的回答会有所不同。当前大模型产品形态是对话聊天机器人，那么通过多轮对话的尝试，可以逐渐测试出来最适合场景的提示。

回到电商素材案例，关于商品描述是一个生成内容类型的例子，大模型还可以对提出的内容进行优化。下面让我们看一个优化“标题”的任务，这里只需要对提示词的“任务”和提示词文案进行修改即可，完整的提示词如下：

你是一个电子商务营销专家，请你帮助我优化“莜麦面粉”的商品标题。

原标题是：内蒙古粗粮莜麦面粉。

以下内容作为辅助的商品信息提供给你：

它的产地是内蒙古自治区，品牌名是“×××”，也被称为“燕麦粉”，是一种含有多种矿物质的粗粮面粉，易于吸收。采用石磨工艺去壳碾磨而成，粉质细腻，原味原香。

请生成三组标题，每组标题长度在30字以内。

大模型返回的结果如图4-9所示，这里我们让它返回多个结果，其中“【×××】”为品牌名称，避免产生争议，故隐去了品牌名称。

可以发现无论是对于创作、续写一类“内容生成”任务，还是编辑、修改一类的“内容优化”任务，结合大模型的人工智能都能够很好地解决任务，如果担心人工智能“瞎写”内容，也可试试在提示词中增加文案：“请分别解释这样写每个标题的理由和它的优点”。

你是一个电子商务营销专家，请你帮助我优化“莜麦面粉”的商品标题。
原标题是：内蒙古粗粮莜麦面粉。
以下内容作为辅助的商品信息提供给你：
它的产地是内蒙古自治区，品牌名是“×××”，也被称为“燕麦粉”，是一种含有多种矿物质的粗粮面粉，易于吸收。采用石磨工艺去壳碾磨而成，粉质细腻，原味原香。
请生成三组标题，每组标题长度在30字以内。

以下是三组优化后的商品标题：

1. "【×××】内蒙古燕麦粉，石磨细腻，多矿物质，原味原香"
2. "【×××】内蒙古燕麦粉，细腻易吸收，多矿物质，原味原香"
3. "【×××】内蒙古燕麦粉，石磨工艺，细腻易吸收，原味原香"

这些标题强调了以下关键卖点：

- 产地：内蒙古自治区
- 品牌：×××
- 特点：石磨工艺、细腻、易吸收、多矿物质、原味原香

请根据你的需求选择其中一个标题或结合其中的元素进行修改。记得在编辑时，保持标题简洁明了，同时突出产品的独特特点。

图 4-9　商品标题优化大模型实例

如果我们希望能够把人工智能融入素材优化的工作流中，通过 API 来获取返回结果，替换线上商品的标题或商品描述，这时就可以在“输出格式”中明确指出希望人工智能输出内容的格式，让 API 调用之后的结果能够结合到我们的系统中。比如可以指定让人工智能返回列表（List）或 JavaScript 对象简谱（JSON）格式，这让人工智能模型的输出更容易被解析，下面是提示词的示例：

你是一个电子商务营销专家，请你帮助我优化“莜麦面粉”的商品标题。

原标题是：内蒙古粗粮莜麦面粉。

以下内容作为辅助的商品信息提供给你：

它的产地是内蒙古自治区，品牌名是“×××”，也被称为“燕麦粉”，是一种含有多种矿物质的粗粮面粉，易于吸收。采用石磨工艺去壳碾磨而成，粉质细腻，原味原香。

请生成三组标题，每组标题长度在30字以内。**返回LIST类型的结果，其中LIST中的每个元素都是DICTIONARY类型。每个DICTIONARY的元素以“title”为键，生成的标题为值。**

人工智能生成的结果如图4-10所示。

图4-10 大模型标题优化输出格式示例

这其中人工智能能够按照我的要求输出内容，同时也给出了一些解释信息，如果想直接获取格式化数据，那么试试在提示词最后添加一句“仅提供要求的返回数据和格式即可，不要提供其他解释信息”。

如果你想把生成 / 优化电商素材这一过程产品化，直接向商家提供聊天对话框，并让商家手动输入提示的方式并不友好，因为编写提示词有上手和学习成本，最好能够自动读取商家商品的数据，同时完成提示词拼接、大模型服务调用、内容呈现和替换等环节的自动化工作，这样商家所需要的操作就是点击“一键优化”按钮，就可以自动完成素材优化 / 生成的任务。

如果更进一步，释放一下我们在这个场景的想象力，那么整个流程能否完全做到“自动化”，完全“无人化”？答案是可以的。从商家需求的视角看来，商家对商品素材进行优化是一个“动作”，不是具体的“目标”，商家的目标是：提高用户的点击率和购买转化率。那么这里的“点击率”“购买转化率”就可以作为人工智能落地在这个场景中的“价值标的”。

如 1.1.4 小节所述，商品素材优化工作流程可以拆分为“素材制作”“投放计划方案设计”“素材分发效果实验”“数据分析”“素材上线”五步，其中“素材制作”可以通过自然语言大模型，由人工或用商品关键词提示，来对现有的图片、标题内容做优化；之后自动将线上素材替换，并从网站流量中自动切分小部分流量来实际测试素材上线后的效果；在实验结束后，根据点击率、转化率等数据自动上线表现最好的素材，再结合当前最好素材的提示内容和当前商品类别下的搜索热词，再次自动优化 / 生成新的素材，并重复该过程。让我们看一下由人工智能替代人工后的工作流程前后对比，如图 4-11 所示。

图 4-11 中的人力和时间是按照一个“50 人左右规模”的电商团队进行评估的，可能会存在一些偏差，从中我们也能发现在这个场景中落地人工智能全自动化工作流程的价值：降低了人力和时间的投入，减少了人员之间协作、等待的时间。大模型让更多的工作流程可以像这个场景一样，变成一个完全“无人

化”、持续迭代优化的流程，但需要找到合理的“价值标的”，就像这个案例中的“点击率”和“购买转化率”。这个例子也提供了一个能够试用的产品，可以访问 shopGPT [25] 来体验。

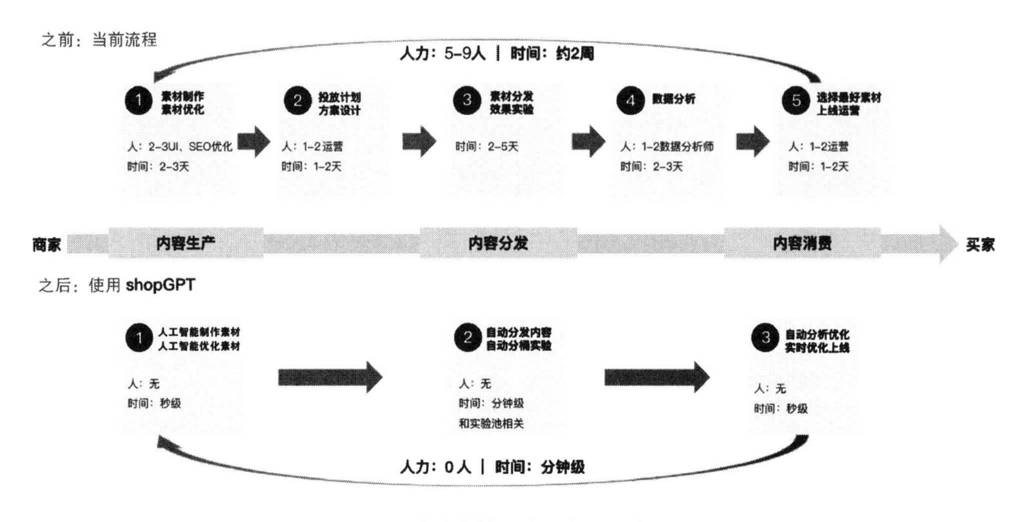

图 4-11　电商素材自动工作流程前后对比

本章结语

本章通过五个简单的案例介绍了人工智能落地的思考和过程，通过这些案例，希望你能够“举一反三”，从身边的场景入手思考哪些是可以落地人工智能的。这些案例介绍没有对具体的数学计算公式、模型架构进行讲解，而是从算法假设和思路展开，在具体落地人工智能时，可以使用开源的工具包或阅读原始的论文。

除了关注数据、算法外，人工智能落地更需要明确场景，即“谁”为什么使用产品，按照怎样的使用流程，流程中都有哪些步骤和细节。人工智能落地除了模型算法落地外，还需要和系统中的流程处理、判断规则放在一起执行才能够将整个场景串联，以达到降本增效的目的。因此，算法只能让特定步骤的输入、输出变得更加智能，需要和工程上的处理相结合才能完整。

在我们思考用技术的方法解决问题时，往往解决问题的路径不是唯一的，不同方法之间的区别只有实施成本和最终效果的区别，有时候我们需要在技术深度和领域知识的前提下，根据场景流程做权衡，选择一个最合适的落地方案。当你的数据质量不够好，团队没有算法专家时，可以找一个场景内足够简单明确的环节，通过开源或者公开的算法 API 先解决场景的问题，并以解决方案为“基线”，之后再通过逐步投入资源不断优化。人工智能落地的一个原则是不追求算法和实现方案的完美，而是在权衡投入产出比之后，通过基线方案先串联起整个流程，之后通过提高数据的质量、算法的性能来不断优化。

参考文献

[1] FRIEDL J. Mastering regular expressions [M].3rd ed.Sebastapol, CA：O’Reilly Media，2006.

[2] SKELAC I，JANDRIC A . Meaning as use：from wittgenstein to Google’s Word2vec[M]//SKANSI S.Guide to deep learning basics.Cham：Springer，2020.

[3] CAVNAR W B ，TRENKLE J M . N-gram-based text categorization[EB/OL].[2023-06-22]. https：//www.researchgate.net/publication/2375544_N-Gram-Based_Text_Categorization.

[4] VAPNIK V.The nature of statistical learning theory [M].Cham：Springer，1995.

[5] BREIMAN L. Random forests[J]. Machine learning，2001，45（1）：5-32.

[6] ZAREMBA W，SUTSKEVER I，VINYALS O. Recurrent neural network regularization[J]. Arxiv，2014.

[7] 上海市绿化和市容管理局 . 关于印发《上海市生活垃圾分类投放指引》的通知 [EB/OL].（2019-04-15）[2023-06-22].https：//lhsr.sh.gov.cn/srgl/20190415/0039-EBD82BDA-2525-4F4E-9F75-4FD5878EA4EC.html.

[8] KETKAR N，MOOLAYIL J. Convolutional neural networks[M]//KETKAR N，MOOLAYIL J. Deep learning with Python. Berkeley, CA：Apress，2021.

[9] ERHAN D，COURVILLE A C，BENGIO Y，et al. Why does unsupervised pre-training help deep learning?[J].PMLR，2010，9：201-208.

[10] DENG J，DONG W，SOCHER R，et al. ImageNet：a large-scale hierarchical image database[C]. Miami：IEEE. 2009.

[11] HE K, ZHANG X, REN S, et al. Deep residual learning for image recognition[J].2016 IEEE conference on computer vision and pattern recognition, 2016 : 770-778.

[12] RUDER S. An overview of gradient descent optimization algorithms[J]. Arxiv, 2016.

[13] LOBUR M, ROMANYUK A , ROMANYSHYN M . Using NLTK for educational and scientific purposes[C]// International conference the experience of designing and applications of CAD Systems in microelectronics(CADSM 2011) . Miami : IEEE, 2011.

[14] MANNING C D, SURDEANU M , BAUER J, et al. The Stanford CoreNLP natural language processing toolkit[C]// Proceedings of 52nd annual meeting of the association for computational linguistics : system demonstrations. Rockville : ACL Anthology, 2014.

[15] EKBAL A, HAQUE R, BANDYOPADHYAY S. Named entity recognition in Bengali : a conditional random field approach[EB/OL].[2023-06-22].https : //aclanthology.org/I08-2077.pdf.

[16] ENTROPY P. Principle of maximum entropy[J]. Least biased, 1957.

[17] KENTER T, BORISOV A, RIJKE M D . Siamese CBOW : optimizing word embeddings for sentence representations[J]. Arxiv, 2016.

[18] GUTHRIE D, ALLISON B, LIU W, et al. A closer look at skip-gram modelling[EB/OL].[2023-06-22].https : //www.cs.brandeis.edu/~marc/misc/proceedings/lrec-2006/pdf/357_pdf.pdf.

[19] QIAO Y, YANG X, WU E. The research of BP neural network based on one-hot encoding and principle component analysis in determining the therapeutic effect of diabetes mellitus[J]. IOP conference series : earth and environmental science, 2019, 267 (4) .

[20] LIU W, WEN Y, YU Z, et al. Large-margin softmax loss for convolutional neural networks[J]. JMLR.org, 2016.

[21] RUMELHART DE, HINTON G E, WILLIAMS R J. Learning representations by back propagating errors[J]. Nature, 1986, 323 (6088): 533-536.

[22] JOULIN A, GRAVE E, BOJANOWSKI P, et al. Bag of tricks for efficient text classification[J]. Arxiv, 2017.

[23] SIMONYAN K, ZISSERMAN A. Very deep convolutional networks for large-scale image recognition[J]. Computer science, 2014.

[24] SUN Y, LUO S, LEI X. Gram matrices of mixed-state ensembles[J]. International journal of theoretical physics, 2021, 60 : 3211-3224.

[25] shopGPT.https : //apps.shopify.com/shopcopilot.

第5章 人工智能的困境与展望

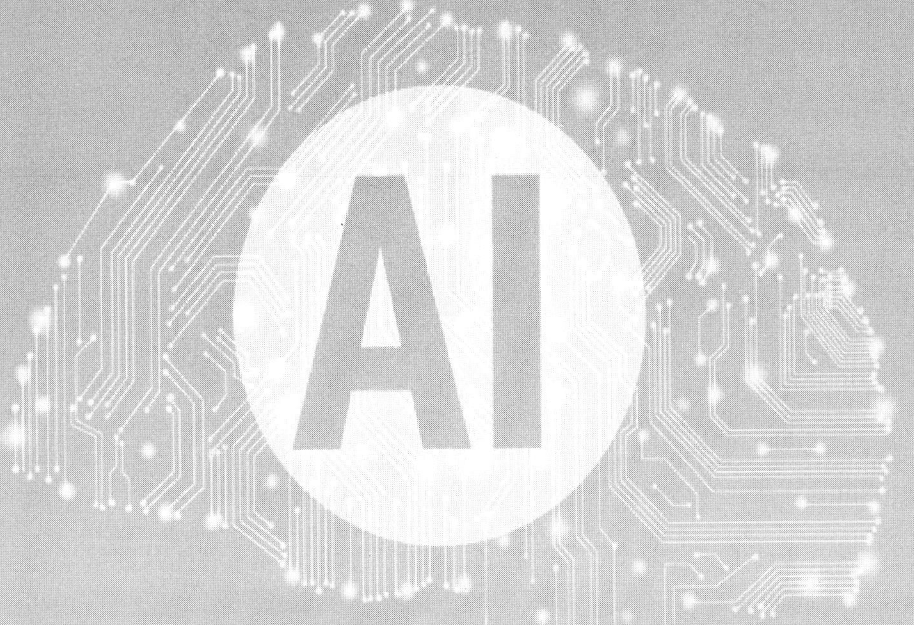

在介绍完人工智能落地场景和案例后，本章要展开介绍人工智能落地的局限和阻碍因素，让你更全面地看清在落地过程中存在的问题，并帮助你发现需要注意的问题点。本章最后还介绍了人工智能落地的方向，如果你希望在人工智能发展的浪潮中找到自己的一席之地，那么你也许可以从这些方向中找到适合自己的切入点。

5.1 人工智能的数据依赖

过去几十年“信息化”“数字化”的高速发展，把人、物、环境的各种信息转化成数字信号或数字编码，使得整个社会获取知识和传递知识的能力极大地提高了。人工智能需要这些知识来“喂养”，人工智能率先落地的行业也都是数字化程度较高的行业，如互联网、电信和金融等。

让我们来感受一下数据的作用：

特斯拉从世界各地配备 Autopilot 的车辆中收集了超过 13 亿英里（约 20.9 亿千米，1 英里 = 1.609 344 千米）的数据，包含在各种路况和天气状况行驶的数据，这些数据会用于自动驾驶的算法训练；打败李世石的 AlphaGo 用 3 000 万盘比赛作为训练数据，才有了“人机大战”的胜利。对于人脸识别算法，图片数据量至少应为百万级别才能得到较好的应用效果。

那么是不是数据越具体越好？其实并不是。常见的一个误解是大量数据是人工智能落地的先决条件，这是一个很大的误区。

面对不同的任务，对数据的需求量是不一样的，对于不同场景下数据量的需求目前没有明确的评估方法。

1. 为何数据量需求难以评估

因为人工智能落地涉及的因素有很多，主要的两点是：**落地场景的问题和采用的人工智能算法的“复杂程度”。**

我们训练人工智能模型的目的是构建一个能够理解数据特征之间的关联和潜藏在数据中的规律的模型。因此很重要的一点是，在收集数据的时候，数据量要够算出数据和结果之间的关系。除此之外，每个场景都有其独特的要求，比如很多安全性要求较高的场景对准确率的需求，再比如有些场景对计算速度的需求。每个场景也都有特定的限制因素，比如数据特征的维度数量是否足够，或者数据重复度是否过高等。因为这些因素混在一起，使在训练人工智能模型之前去评估数据的需求量级成为比较困难的事情，但我们可以通过一些维度来判断。影响数据量评估的因素可以总结为以下四点。

（1）场景容错程度

人工智能落地具体场景的容错程度会影响对数据量的需求。一个普遍且正确的观点是：数据量越多，能够覆盖的场景越多，算法实施时的准确率越会随之提升，这主要是因为人工智能模型是通过训练从数据中总结规律，数据中如果不包含特殊情况，或者包含特殊情况的比例较低，会造成人工智能模型对于这些场景“没见过”，因此也无法给出正确的预测结果。对于一些容错度要求没那么高的场景，对数据量要求相应减少，比如对于天气情况进行预测，1% 的错误预测，并不会对用户产生非常大的影响，但与之相对应的，在医疗、自动驾驶这些性命攸关的领域，0.1% 的错误都会造成重大的损失。

（2）数据的特征维度

当数据的特征维度比较多的时候，更复杂的算法模型也对应着更多的参数，每个增加的参数都会增加训练所需的数据量。比如浏览网页时的个性化推荐系统，对应特征的维度就是网页的标签、关键词和用户浏览路径构成的喜好信息，相较于预测某只股票的股价变化，需要的数据更少，因为后者不但有企业经营的历史数据，还要考虑经济、社会等因素。

（3）落地场景的复杂性

有的场景很简单，没有很多特殊情况。特殊情况越多，越需要更多的数据来让模型能够拟合不同情况的数据。比如在工厂中运输货物的自动驾驶车辆，相较于在公路上行驶，它的特殊场景就很少。这就是为什么在某些电子商务的仓库中，自动驾驶落地已经比较成熟，但自动驾驶整体还在进行小范围落地试验的原因。

（4）不同任务的需求

我们假设数据的维度是一样的，在不同的任务中，所需数据量有很大区别。比如对语句进行分析，如果我们只对句子进行情感分析，将每个句子标注为负面评价或者正面评价，可能只需要“万”级别的数据量。但如果需要用于对句子进行实体提取，将一句话浓缩为三个关键词，那就需要更多的数据，并且标注数据也需要耗费更多的工作量。

学术界关于“如何选择数据量”有很多前沿论文，这也是学术界目前研究的方向之一，在每个特定的算法下都有具体的计算方法。但为了能够让大家更直观地了解这个问题，也考虑到并非每个读者是算法从业者，因此我们的讨论会抛开复杂的计算公式，而是去讨论“数据需求量”这个问题。

2. 如何确定数据需求量

（1）方法一：通过模型的学习准确率进行数据量调整

在人工智能训练过程中，通过观察学习曲线（准确率随时间或训练次数变化的曲线）来判断数据量是否合适。

这种方法需要建立在动手实验的基础上进行，动态调整训练数据的大小。如果数据量较小，那么训练模型的时候就容易出现“过拟合”现象。“过拟合”的意思是说，在训练过程中，由于抽样的训练数据中包含抽样误差，抽样样本数越少，潜在的抽样误差就越大，抽样误差是由随机抽样的偶然因素（训练数据类似于在实际场景中的抽样）导致。因此，模型的准确率虽然在训练时很高，但放在测试数据上进行测试的时候，准确率却明显不如训练时给出的准确率好，这也是由抽样误差导致。这个时候就需要调整训练数据了，通过更多的抽样数据减少“过拟合”情况的发生。

（2）方法二：按照数据的特征维度进行估算

数据特征的维度包含了数据的特征数量，比如根据个人的基本信息来预测健康状况，个人的基本信息包括身高、体重、血糖、血脂等数据，这就是特征的数量。可以按照“10 倍法则”，每隔一个预测因子需要 10 个样例来进行估算，即当个人数据是 100 维的时候，至少需要 1 000 个用户的数据才能够满足最基本的场景需求。

（3）方法三：按照要完成的目标进行估算

比如在计算机视觉方面，使用深度学习的图像分类，按照经验判断，每一个分类需要 1 000 幅图像，当然如果使用在其他任务上的预训练模型进行训练，对数据的要求则会有所降低。

对于非图像的分类任务，在简单的“是否”“有无”判断的二分类任务中可以按照“方法二”先进行估算，之后看任务分类类别增加了多少，每增加一个分类，数据量需求翻一倍。这也就是说，对于上面 100 维个人数据预测健康程度，如果最终需要预测的类别是“健康”“预警”“不健康”三个分类，则需要至少 2 000 个用户的数据才能够满足基本需求。

（4）方法四：参考开源的类似项目、竞赛、实验等数据量

人工智能的火热带动起各式各样的数据竞赛以及产生开源的数据集，这些数据能让你对项目所需的数据集大小心里有数，我们在评估场景的时候，可以将和

任务复杂度相似的数据集作为参考。在任务相差不多的情况下，所需数据量的级别是相同的，比如：

1）千级别：“MNIST 手写体数字识别”，类似简单符号的识别。

2）万级别：对一般的图像分类问题，比如对猫、狗进行识别。

3）千万级：比如知名的 ImageNet 数据集，可以满足对上万个图像类别进行分类，并且可以用于目标检测这种识别更多图像信息的场景。

上面的三种估算方法，在实际项目中仅供参考，具体的我们还需要在实验中进行验证。面向所有人工智能落地场景的统一方法目前还有待探索。

除了对于数量的要求，数据的质量也很重要。

技术圈内有一句话“100 万个混乱的数据不如 100 个干净的数据”，数据质量更有助于算法学习规律。无论面向什么场景，使用什么样的算法模型，我们都需要确保正在使用的数据质量也能够满足要求。

评估数据质量可以从以下几点入手，如图 5-1 所示。

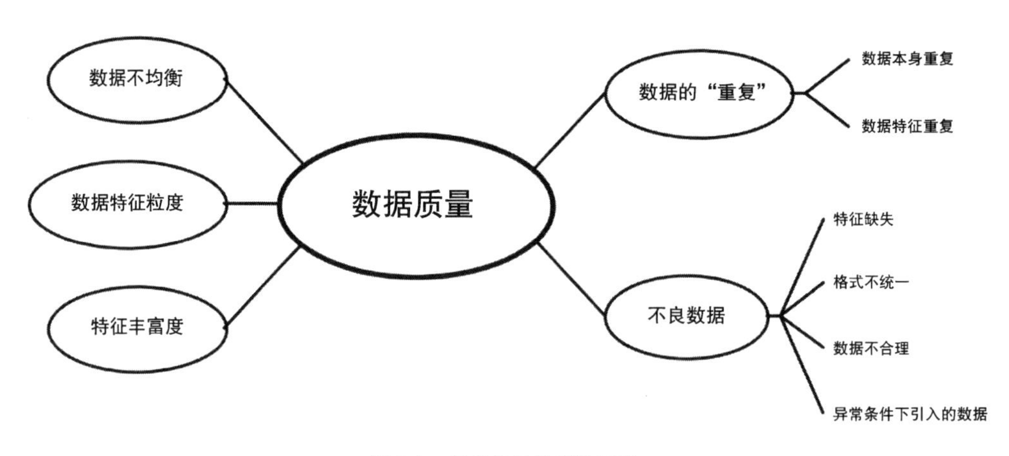

图 5-1　数据质量的评估因素

1. 数据的“重复”

无论是数据本身的重复性，还是数据特征的重复性，对于算法和模型来说都是不会对效果产生优化作用的。从数据本身的角度来说，一行数据复制100次还是1行数据，因此拿到数据后，去重也是很有必要的。数据的特征一般不会是完全重复的，但特征之间有相关性，比如降水量和空气湿度，二者之间的相似性很高。再比如个人数据，“社保年限”和“工作年限”两个特征几乎是完全“正相关”的数据。对于人工智能学习过程而言，独立特征越多，即相互之间相关性低的特征越多，模型的表达能力越强。

那么如何发现相似性高的“重复”数据？

对于数据本身的“重复”，可以在数据标准化之后，计算不同数据之间的相似度，比如通过“欧几里得距离”，将相似度高的数据判定为重复数据；另外还可以直接对数据进行聚类分析，将数据分成几个大类，之后再从大类中分出相似度高的数据集合，进而找到重复的数据。

对于数据特征的“重复”，数据特征之间关系的因果性是采集过程中不可避免的，最常见的做法是主成分分析，通过正交变换将一组可能存在相关性的变量转换为一组线性不相关的变量，转换后的这组变量叫“主成分”，其作为基础的数学分析方法，应用十分广泛，比如人口统计学、地理建模、数理分析等均有应用。在实施的时候，很多机器学习工具包中都包含了这种算法，直接通过函数调用即可。还有一种做法是在得到数据后，以其中一种特征维度为入手点（比如时间），可视化分析其他维度特征和它的相关性，当两个特征重合度超过一定比例时，则判定两个特征“重复”，此时可考虑合并特征，之后再将剩下的特征两两进行比较。

2. 数据不均衡

数据不均衡是指数据之中不同标注的数据不平均，比如在某分类问题中，训练数据集中有 10 000 张图片，其中 9 900 张都是猫，100 张是狗，任务是给出一张图片，来判断图像中的动物是猫还是狗。数据不均衡会导致人工智能模型训练的收敛速度慢，对个别类别的学习样例过少造成泛化能力差，使得人工智能模型向数据量多的方向偏移。一般不同类别数据之间相差“一个数量级”及以上时，我们便需要考虑如下的方法来优化：

（1）对类别少的数据进行更多的样本收集

收集代表性不足的分类的样本，但很多时候，样本收集会受到渠道、时间、成本因素限制，如果没有办法则可以考虑其他方法。

（2）采样方法

通过多训练人工智能模型的数据集进行处理，使数据不均衡情况得到缓解。这里通常分为“上采样”和“下采样”。“上采样”是指将类别少的数据复制多份，处理后的数据会出现一定的重复数据，使得模型在训练过程中会有一定的“过拟合”；“下采样”是指将类别较多的数据在合理范围内进行一定比例的剔除，下采样会因为部分数据的丢失而使得模型只学到了一部分内容。

（3）数据合成法

通过已有的小类别数据生成更多的数据，比如对于图片数据，可以通过图片旋转、剪裁、平移、角度变化或者增加噪点、图像模糊等方法处理，经过处理得到的数据仍然和原先的类别属于同一类，这种方法经常用于医学领域。

3. 不良数据

当数据中存在标注不正确数据，或由于环境因素出现采集错误时，因机器并不能理解数据的具体含义，所以人工智能模型会被数据所“欺骗”，使得训练的时候，模型会向这些不良数据倾斜。这会导致最终训练得到的人工智能模型是不准确的，当我们在实际场景中应用它的时候，模型没法给出正确的结果。

常见的不良数据有以下几种：

（1）特征缺失

数据的特征存在空值或采集不到的情况，比如我们常在数据中看到的“null”，这里可以通过其他特征来预测或补充缺失的特征，或者也可以将所有的缺失特征当作对应数据维度新的类别来处理，如果整体数据集中某个维度缺失过多，还可以直接对维度进行删除处理。

（2）格式不统一

比如对于出生日期，有些填写是“1995年6月5日”，有些填写是“1995.6.5”，需要对这些格式有问题的数据进行统一处理。

（3）数据不合理

当数据不合乎常理时（比如身高“-68cm”），则需要人工介入来识别，制定数据筛选过滤的规则，来将这些“脏数据”剔除掉。

（4）异常条件下引入的数据

对于非正常的数据采集环境，采集到的数据会有明显的不准确性，比如当采集信号的传感器出现损坏时，如果这些数据不是场景中需要识别的特殊场景，那么就需要从数据中剔除，以防止模型优化方向被带偏。

对于上面讨论的不良数据问题，如何发现？可以通过如下四种方式。

（1）专家规则

通过人工智能落地领域内制定的一些专家规则来对数据进行筛选，比如可以对数据的不同维度特征设置一个范围边界，对超出范围的数据进行剔除。

（2）相似度分析

将发现的个例不良数据作为基准，然后计算其他数据和这些数据的相似度（相似度可以通过"余弦相似度"等方法来计算），当数据和不良数据的相似度超过一定阈值时，则将这些数据也判定为不良数据。

（3）实际场景验证

对不良数据的采集环境进行分析（比如时间因素），来找到对应采集出问题的时间段，之后按照"（2）相似度分析"中介绍的进行操作。

（4）额外数据处理

对不良数据进行额外的处理，而不是通过数据剔除的方法，比如缺失的字段可以用中位数、平均数来替代；对于离散类别的数据，可以将不良数据统一作为新的类别；异常数据也可能反映了特殊情况。

4. 数据特征粒度

我们常说的"粗略""详细"描述的就是数据的粒度，按照某种维度采集数据越精细，则粒度越高。比如对于温度预测的场景，用于训练的数据是按照"小时"级别，还是按"天"级别，这种不同就是来描述数据的粒度；对于图像检测，图像越大越清晰，图像中涵盖的信息就越丰富，应用于图像分类的人工智能模型也就越复杂。

数据粒度需要和落地场景中的目标相匹配，根据任务需要去采集数据，它会影响数据采集和模型复杂度的选择。这里并不是说数据采集粒度需要和场景的目标完全一致，在有的场景，原始数据比落地场景需要的时间维度更细。还是以用人工智能预测每天的气温的场景为例，原始数据如果是以天为单位，那么会遗漏一天中气温、天气变化的信息，对于早晚温差大的场景，气温随时间的变化信息就会被遗漏，通常时间维度比任务要求细致一个级别就可以，比如目标是“小时”，对应的数据采集应为“分钟”。从影响计算资源的角度来看，要依托成本和精度要求来评估，这里精度是指要求识别和处理的最小单元是什么，比如对于自动驾驶场景，需要识别行人、障碍物甚至小动物等物体，但对于对行驶安全无影响的“小石子”则无须清晰识别。

5. 特征丰富度

特征丰富度是指每一条数据的数据特征，需要细化到一定的程度才能够起作用，对数据特征丰富度需求的判断往往依赖于我们对落地场景的熟悉程度，比如对天气温度进行预测，如果数据只包含空气湿度指标，预测情况显然比数据中包含湿度、气压、最近七天气温、风力等详细的指标要差。因此，数据收集除了需要关注数据的数量外，还要清楚在落地场景中，哪些特征是对场景内的任务影响较大的，对于这些特征的采集要尽可能完整。我们可以通过场景内目标的复杂程度来判断，比如对二分类问题的判断，通常数据特征维度是 10 即可，每多增加一个预测类型，对应特征数量应该乘以 2。

5.2　阻碍人工智能落地的因素

目前大众对人工智能的看法和人工智能目前达到的水平是有不小偏差的。在技术发展的早期，人们总是会高估技术的短期发展而低估技术长期发展的价值，人的这种认知差异从侧面阻碍了人工智能的落地进程。我随机采访了几个朋友，咨询了一下他们是如何看待人工智能的。

“没有人工智能，我的生活和工作还是一样的。”

“我的工作高度依靠经验，人工智能没办法替代我，我做得已经很熟练了。”

“我害怕被算法支配，很多事情并不是效率高才好，生活有生活中的美好。”

“我不想把数据交给人工智能的运营商，我不信任它。”

“很多人工智能产品太‘鸡肋’了，有很高的学习成本，有这个时间我都做完了。”

在高速发展的过程中，人工智能落地也存在许多阻碍因素，下面我们来拆解分析。

5.2.1 人工智能贵，成本高

人工智能落地过程中所产生的成本是高昂的，这也是很多人工智能新产品尝鲜者都是一些较为成熟的大公司、上市公司的原因，小公司迫于成本的压力难以落地人工智能。那么人工智能贵在哪里呢？主要是以下三个方面：

1. 算力（计算资源）贵

人工智能对计算的需求非常大，无论是学习（训练）还是执行（服务），对高性能计算的芯片需求高。比如和李世石对战版本的 AlphaGo，是由多个计算机群组成的，据说最少用到 1 202 个 CPU 和 176 个 GPU，外加 100 多个计算加速卡等。以一台 5000 多元的普通玩家高端个人计算机为例，最常见的配置就是 I7 的 CPU 搭配 GTX 1060，普通版本的 I7 为四核八线程处理器，如果按照核心数换算的话，一台低配版的 AlphaGO 大概等于 300~500 台个人计算机。

算力的需求和其昂贵造价，使人工智能无法快速走进大众。为了降低算力成本以及市场对于算力的需求，导致“人工智能芯片”行业爆发，市场规模从

2017 年的 20 亿美元，年均增长 90% 到 2022 年的 490 亿美元。目前通过开源社区、人工智能芯片、人工智能上云等方面的推动，人工智能产品的价格将进一步降低。

2. 人才成本高

从事人工智能的员工薪资要比普通开发者大致高出 20%~30%，主要原因还是人才供不应求。据国家工业和信息化部人才交流中心发布的《人工智能产业人才发展报告（2019—2020 年版）》[1] 显示，如果要在 2030 年实现成为世界主要人工智能创新中心的目标，预计我国人工智能产业内有效人才缺口将达 30 万人。

企业发展人工智能的核心驱动因素是人才，现在一方面人才供不应求，不管是巨头还是初创型企业，它们都面临着人才短缺的问题，不管是大公司还是创业公司都在努力将尽可能多的人才纳入麾下；另一方面跨领域综合型人才少之又少。为什么跨领域人才很重要呢？因为领域知识在实际落地过程中至关重要，是特别宝贵的。比如对于医学的复杂性要求，人工智能在数据标注工作中就需要拥有医学背景的人工智能专业人士参与。对于单个项目而言，落地过程中标注数据的质量不高，或者是数据本身的缺乏都会严重影响项目的最终落地。

3. 人工智能落地配套设施贵

人工智能落地的核心是技术，但在落地之后，产品运营、后端资源、服务能力都需要配套跟上才能服务好具体领域的用户或者客户，从产品化、规模化交付到口碑运营，中间有太长的路要走。每个细分领域都有自己的需求和特点，现阶段都需要配合一系列的监控以及相关人力才能应用。比如某知名的资讯推荐产品，依然需要人力来进行补充以实现审核目的，据悉负责审核内容的员工人数有 2 000 多名，薪资在 4 000~6 000 元，再加上员工的管理、工作场地、福利待遇等，月成本将近 2 000 万元。人工智能也有很多弊端和不足，在产品尚不健全的今天，这样也是比较稳妥的方案，我相信随着技术的发展、产品化的成熟以及法律法规的健全，这部分成本会显著降低。

5.2.2 人工智能落地需要警惕“意外”

人工智能的核心是算法，算法本身并不带有“善意”或者“恶意”，但人类的意图会被算法放大，人工智能会增强人类的“恶意”。比如将人脸识别应用在人身核验的业务上，再领先的人脸识别技术也无法保证 100% 的准确识别，过滤掉各种潜在风险，如照片攻击、视频造假、“双胞胎”等。在人脸对比存在潜在风险的时候或者活体检测有不确定性存在的时候，需要采用人工检测的方式来保证准确率，以降低风险。

人工智能也使个人隐私和自由变得非常脆弱。人工智能需要收集、分析和使用大量数据，这其中有很多信息具有身份识别性质，属于非常敏感的个人信息。数据里无意中存在的隐私数据，会被人工智能模型“记住”，“过拟合”现象也会助长个人隐私被侵犯。因为很多应用为了更好地服务于人，需要通过人的使用习惯、使用记录的日志信息来发现潜在的需求，这些数据中有可能会包含很多隐私数据，如身份证号码、账号密码等相关信息，那么由于人工智能并不知道这些数据的实际含义，就会都记住。这种“无意识”行为的结果就会给用户带来很严重的困扰，产生隐私信息泄露的风险。

比如我们现在常用的输入法都包含个性化学习的功能，如果智能输入法在学习我们的录入习惯的时候，没有做好数据的“脱敏”，那么我们敲击键盘的前后关系就会被记住，你如果经常输入密码或者账号信息，就可能会被人工智能“记住”。

结合人工智能在语音技术、自然语言处理技术上的应用，人工智能在服务于人的同时也会变成侵犯我们隐私的“利刃”。比如模拟人声诈骗，模仿子女的声音给其父母打电话；或者通过机器人打电话的方式给潜在消费者打营销电话；手机 APP 通过麦克风偷听用户讲话、监听手机打字……

在重要领域，不能将人工智能的运算结果作为最终且唯一的决策依据。例如，在关于人工智能医疗辅助诊断的规定中，需要有资质的临床医师来最终确定，人工智能只能作为辅助的临床参考。

这些算法创作者意料之外的用途，给人工智能无意中附加的能力，让它在我们脑中多了几个身份：①威胁生命的“杀手”：因为故障劝人自杀的智能音箱；②弄虚作假的“高手”：Deepfake（深度伪造）变脸术，可以在任何视频中将一个人的脸换成另一张脸，使得短短几周之内，网上到处充斥着换上名人脸的粗劣色情片；③侵犯隐私的“骗子”：声音模仿诈骗……

人工智能虽然正改变着我们工作和生活的方式，影响着我们的决策，但我们必须确保人类仍然处于“驾驶座”的主导位置。

5.2.3　大众的期望问题

由于影视作品和新闻中对于人工智能的艺术渲染，不知实情的大众对人工智能的期待远高于现有技术。人们会将现有产品和电影中无所不能的人形机器人做对比，对于这种期望远远大于产品、技术成熟程度的落差，对产品本身的市场推广提高了门槛。我们一直讨论着机器人将取代我们的工作；机器自动烤面包会让我们连烤面包的能力都丧失；机器推荐算法会让我们失去筛选信息的能力，被动地接收机器传达的内容而被人工智能主宰了认知……这其中的一些讨论是会真实发生的，而一些则是无稽之谈。

对于产品的使用，在有的场景下人们普遍更愿意相信自己而不是人工智能。以自动驾驶为例，自动驾驶的安全系数实际上远高于人类，并且随着数据的累积，安全指数会越来越高。特斯拉公布的《自动驾驶汽车事故发生率报告》（*Tes-*

la Vehicle safety report）[2] 指出，2020 年第一季度自动驾驶仪每行驶 459 万英里（1 英里 =1.609 344 千米），会发生一起事故，而对于那些没有自动驾驶仪的驾驶员，每行驶 176 万英里就会发生一起事故。相比之下，美国国家交通安全管理局（NHTSA）的数据显示，美国每 47.9 万英里就会发生一起车祸。有了自动驾驶的存在，交通事故率显著降低，但是人类还是会为了自动驾驶的一起偶然事故而抱有怀疑态度。

而对于其他新型的人工智能产品，它们对环境、用户配合度的要求，带来了新的问题："怎样快速直观地教会用户使用"，如果用户无法正常使用功能，或者产品功能设计不合理导致用户无法正常使用，同样会给人工智能的落地和推广带来负面影响。

5.2.4 落地场景缺少数据

人工智能底层是基于统计学的，统计学是针对数据的，因此数据能够成为人工智能时代的能源。但反过来说，数据的偏差、错误、不足也成为人工智能最大的风险因素。

1. 数据维度小

往往描述一件事情的维度越多，你越能精准、全面地了解事物。数据维度的多样性是海量数据最终能发挥多大价值的关键因素。但实际上，我们收集到的数据往往都是小数据，而不是大数据。比如，我们手机上的个人数据，在教育、医疗的检测与客服问答上的数据等。小数据通常会有两个问题：

1）数据维度同质化：很多维度都在说明或者验证同一件事情。

2）数据关联性弱：难以从中推理出来各个维度之间的定量关系。

这些问题也造成了基于大数据迭代的深度学习模型无法胜任小数据场景业

务，数据维度的多少直接影响了机器能够从数据中学习到的特征表达的能力。

2. 数据标注直接影响模型效果

做人工智能算法的同学都会有类似的经验，很多时候，对模型调了半天，远不如增加标注数据对模型最终效果提升来得明显；而模型效果不好，很多时候排查出的原因也是数据标注有问题。这是因为数据标注的结果就是模型所学习和拟合的，标注数据质量如何，会直接影响模型效果。人工智能模型——特别是深度学习——非常脆弱，稍加移动、离开现有的场景数据，它的效果就会显著降低。对机器学习来说，由于训练数据和实际应用数据存在区别，训练出来的模型被用于处理它没有见过的数据时，效果就会大打折扣。

3. 数据获取难

获取的难度、数据集的不准确和不完整、信息共享难以实现等问题，导致了数据在各个企业、服务提供商、开发者手中的分享和共享是很困难的。

比如对于医疗领域，我国的医疗数据在医院和医院之间、医院和家庭之间往往存在信息孤岛，即使在同一个医院内部，要提取和利用数据还会涉及很多手工操作。

另外，企业、员工的意识也影响了数据的质量。比如对大多数工业企业而言，设备的维护记录都是靠人工手写，记录时间不准确。即使是用电子化系统来做，设备到底发生了什么问题、处于什么状态的记录往往也不准确，同时维护数据记录质量的好坏也不直接与基层人员的 KPI（关键绩效指标）挂钩，这让运营维护人员没有足够动力去保证沉淀数据的质量。

正如市场需要时间和资源来形成网络效应，人工智能公司也需要初始数据来形成自己的增强环路，以下是可以帮助业务获取数据的方法。

（1）方法一：通过合作

仅凭一家公司之力可能无法获得足够多的数据集来打造一款人工智能产品，但如果从其主要合作者或者客户手中收集数据，沉淀形成自己的数据池，就有可能拥有足够训练出让用户满意的人工智能产品的数据量，把数据集看成价值链上的互补资产。

（2）方法二：开源数据集

互联网上有众多的开源数据集和项目，无论是大型公司还是科研机构都在为公开的数据集做贡献，在大部分任务中都可以找到合适可用的数据集，比如人脸识别、自动驾驶、图像识别、医学影像标注……同时也有很多依托竞赛的开发数据集供使用。

（3）方法三：数据增强

通过已有的数据，随机生成更多的数据。比如对于图像识别领域，通过图片的旋转和剪裁，可以将原有数据拓展成更多数据。

5.2.5 人工智能歧视

正如尼尔·波斯曼在《技术垄断：文化向技术投降》中所言：“每一种新技术都既是包袱又是恩赐，不是非此即彼的结果，而是利弊同在的产物。”

有的人会认为算法是单纯的技术，没有什么价值观可言，但实际上人工智能系统并非表面看起来那么“技术中立”，它是存在偏见和歧视的。人工智能算法的有效性是建立在大量数据材料分析的基础上，而这些数据来自社会的真实情况，社会结构性的歧视也会延伸到算法之中。

发生人工智能歧视的原因如下：

1. 人类固有的偏见的强化

人类善于在言语上进行克制、在行为中表现出客套，长此以往，人们似乎把隐藏自己对别人的偏见当成了一种美德。问题变成了你心里歧视与否不重要，面上做得好，你就是一个好人。而在结构化数据的存储中，没有“客套”，数据反映了真实环境下的客观数据，形成这些数据是由人的行为造成的，包含了人类的固有偏见。我们对数据贴标签的方式是我们世界观的产物。

2. 数据存储偏向

人工智能对事物做出的判断不是凭空或者随机得来的，它必须经过一系列的训练学习才可以，系统的运行往往取决于其所获得的数据，也是这些数据的直观反映。输入的数据代表性不足或存在偏差，训练出的结果可能将偏差放大并呈现出某种非中立特征。如某个群体会有一些共性的特征，那么人工智能将会把这些大多数的共性特征数据作为标签来用，一旦对象不在这个群体特征里，或属于这个群体的少数特征，其就有可能采取否定的态度。

数据偏见主要有两种形式，一种是数据采集客观上本来就不能反映实际情况，比如由于测量方法的不准确，或者采集过程中存在其他缺陷。这样的数据偏差可以通过改进数据收集的过程进行修正。另一种是数据采集存在结构性偏差，当场景中本身就存在的人为偏见被引入数据中，比如与求职相关的算法向男性推荐的工作岗位的整体工资要高于向女性推荐的岗位，以及有些国家警方的犯罪识别系统会认定黑人犯罪概率更高。解决这种数据偏差只能通过人工干预措施，虽然很多科研机构都做了很多工作来解决这种问题，但对于如何“检查”数据结构偏差，仍尚无定论。

3. 效果偏见

推荐系统被广泛应用于电商、新闻的网站、APP。当我们经常阅读某一类型的新闻时，系统就会根据我们的浏览痕迹，持续推荐同类型的新闻，这也让我们失去了一些接触更多信息的机会。通过推荐内容，相似立场的信息会反复强化我们的观点，不同于己的观点的出现概率会显著降低，这也使人们的意见更加割裂、两极化。

对于这些偏见和歧视，我们应该确保数据训练样本的多样性，并对于给数据打出标签的人尽量做到背景多元、独立。此外，我们还需要更多关注这种现象以及容易被侵犯的群体。当人工智能造成负面影响时能够及时进行处理，甚至惩罚造成歧视的错误。

5.3 人工智能落地的七大方向

5.3.1 自然语言大模型

为什么过去很多人工智能做不了的场景在自然语言大模型推出后变成可行？这就要从自然语言模型的发展讲起。过往人工智能应用的发展主要来自以下几点：

- 人工智能要素的发展，更高质量的标注数据、算力和算法的提高让人工智能模型越来越快，越来越能发现数据之间的对应关系；
- 场景中的问题可以转化为最优化的问题，来让人工智能通过最优化一个指标的学习过程来训练，当然这让人工智能在场景中往往只能解决其中一个环节；
- 人工智能和其他技术结合，协作解决场景中的问题。

过往的自然语言技术类似“填表”工作，需要通过人工把整个场景提前规划好，包括整个流程、每个环节的任务，以及设定具体任务的目标，这中间各个环节就是一个个子任务，每个子任务都需要单独标注数据、训练模型，或调用已经封装好的服务，比如在做 NLP 句子分析，需要将一句话分成很多部分进行标注和分析。而自然语言大模型的出现，直接解决了这些中间任务，把大量的数据标注和预训练都放到大模型内部参数中进行学习，大量的子任务被合并到同一个模型中学习、训练。就好比当我们识别一辆汽车时，一开始需要将它分成“车轮”“车身”等汽车身上的特征，之后才能够识别一辆汽车，但现在不再需要拆解这些特征了，而是通过看到的整体来判断。大模型的具体特点如下：

- 模型训练加速，并行处理提高，使得在超大规模数据上训练能够进行；
- 相较于之前 NLP 的模型，能够关注更长序列文本元素之间的关系，比如“今天下雪，我想出去堆雪人”，能够关注到“下雪”和“堆雪人”之间的关联；
- 随着不断加深网络模型、中间层堆叠，参数增长后，模型的泛化能力提高，在不同子任务领域的通用性得到提高。

这些特点让研究人员都去采用 Transformer（变换）模型[3]和它的结构变体来研究和发展大语言模型，自然语言处理领域的研究在整体方向上形成了统一，也让更多的从业者和算力资源都投入到这个领域。

那么自然语言大模型能够应用于哪些场景？一句话来说，它可以应用于重复性工作或内容生成的创作类型工作。

比如可以协助开发者编程、阅读代码提供开发建议；可以帮助传媒、艺术创作者编写广告、内容创意，聚合汇总内容形成新闻稿件，制作影视等；可以通过收集市场变化来预测趋势，帮助金融工作者提供投资建议；可以应用到客服、运营等劳动密集型的语言工作中……大模型的核心是在语言系统中建立“预测”的能力，因此一切围绕自然语言有关的场景，都可以应用它。这里需要注意的是当场景对可解释性、模型输出的准确程度要求较高时，大模型有时候会存在“一本正经的胡说八道”的情况，因此无法保证输出内容可信、数据存在安全隐患的场景，暂时无法应用大模型。

随着人工智能技术的进步，数据质量的提高，训练方法的演进，未来大模型的精准程度一定会进一步提高，我们可以按照应用落地场景对准确度的要求看它未来的发展，把它分成以下四个等级：

1）Level 1：对准确度要求较低的场景，比如行业中的一些工具产品、知识性问答产品、提高办公效率的工具产品，都是可以结合大模型落地的场景，在这些场景中人工智能作为“协作者”，其输出结果都会经由人工二次确认，来保证输出的质量和可用性。这就是当前我们看到的在垂直场景下，一个个解决方案的涌现，如通过人工智能生成代码。

2）Level 2：作为工作流程解决方案中的一部分，在某个工作流程中，替代原先的人工部分，来串联工作流程，让整个流程能够自动化独立运行，大大提高垂直场景的运行效率。这就是当前我们看到的各行各业的工具产品在逐步“+人工智能”，在自己的解决方案中融合大模型的能力。比如在制作 PPT 时，在人工文字内容提示的基础上自动完成后续 PPT 的排版和美化工作。

3）Level 3：人工智能能够根据外在的数据反馈，主动学习来应对外部世界发生的变化，并调整输出内容。

4）Level 4：具备一定自主化的能力，能够自行规划、执行任务，编写规则，这时候人工智能就能自主解决开放性问题，将人工输入任务拆分成一个个具体执行的动作，并根据外部的数据反馈来独立完成这些动作。

其中 Level 1、Level 2 是当前正在发生的，Level 3 和 Level 4 是在不远的未来将要发生的。

5.3.2 人机协作成为产品主流形态

过去几十年来，我们不断研究如何让机器认识世界，让人工智能模仿人类的工作步骤，进而能够在一些场景内让机器自主工作，不需要人工干预。实际在人工智能落地的过程中，只有一些特定的场景能够完全让人工智能独立工作，这些场景都是简单的、有特定执行步骤的任务，比如工厂内的零件组装、机械加工等，大部分场景都需要用人的知识或者经验判断如何处理、执行。人和机器之间会存在一条“边界”，在它两边的人和机器通过协作的方式来完成任务。随着技术的发展，这条“边界”会不断朝着“人”的方向扩散，最终达到一个“平衡状态”，如图 5-2 所示。

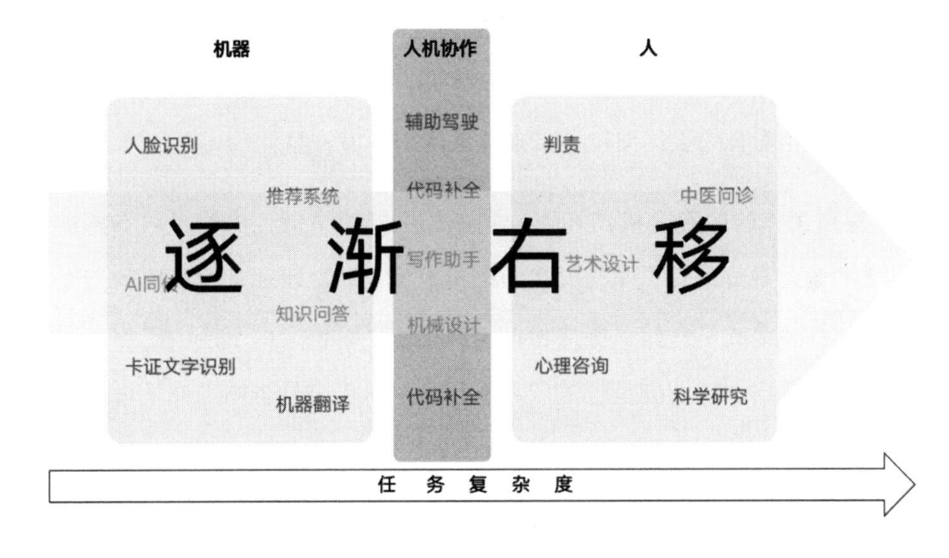

图 5-2　随人工智能发展场景逐步拓展

任务的复杂程度如果能够被机器所覆盖，那么这项任务就可以让机器来完成，人只需要对结果进行把控即可。在这种“平衡状态”下，人负责的主要方面包括规则制定、价值判断、任务描述等，而机器借助人工智能算法去做具有重复性、危险性、非创造性的工作。

让机器做机器擅长的事情，把真正的智慧留给人类，其实是人工智能落地的有效方式。

这种“人机协作”的模式既不受技术发展瓶颈的制约，又不受大众恐慌的“人工智能取代人类的工作”所影响，正在逐步落地到我们日常的工作、生活中。

当人工智能在工作中帮助我们时，原先我们还是会用人工智能去替代某些具体的工种，即将人工智能看成独立的“人”。这样的“替代”方式，其实是在设计人工智能的时候通过目标，让其从数据中自己寻求解决方案，这无论从技术实现，还是从数据、环境等其他方面都有着很高的难度和不确定性。相对地，“人机协作”，人和人工智能一起协作办公是一种新的思路，也更加接地气。这样既降低了技术落地的难度，又充分让人和人工智能各自做擅长的事情，以提高效率为主，不是“替代式”的革命。人工智能在辅助某个具体的工作岗位后，又会创造出其他与之相配合的工作岗位，带来以下两个价值收益：

1）**提高工作的效率：**机器和人分别擅长不同的事情，机器可以不休息、不间断、几乎无误差地一直工作。人在处理很多重复、枯燥和危险性质的工作（如流水线上的组装，或是仓储、拣选和打包等工作）时，会由于连续工作时间的增加而降低效率，当人感到疲惫、注意力不集中时，也容易影响工作质量，但机器不会。

2）**更好地发挥人的“智慧”：**让机器承担重复、枯燥的工作，人则可以承担更多创造性的工作，发挥人的智能优势。人工智能只能完成被定义的工作，无法完成“启发式”的任务，这些需要“意图”“意外”“创造力”才能完成的事情，将会长期一直由人来完成。

“人机协作”的具体模式可以分为以下两种：

第一种人机协作模式是“主从式”。

人工智能主要作为人的“助手”来辅助人完成工作。这种模式的优点在于可以简化人工作的难度和复杂度，提高效率；同时对于一些对人不友好的环境，如极冷、极热，或者受到地理和时间因素影响的问题可以得到解决。比如利用机械手臂在不适合人类操作的地方进行工作，通过传感系统收集并向人类传递环境信息，人类将动作映射到机械手臂上进行远程操控；再比如水下机器人，可以让人在岸上操作远在深海的探测机器人。在这里，人工智能的主要作用是对于环境感知后的处理，将需要人为判断的信息传递给操作人员，或者通过对环境的监测来给操作人员提供建议。在不少场景中，人工智能也充当一个“建议者”的角色，比如“写作助手”，可以在编辑写稿件的时候根据已经写下的内容，来推荐内容出处和自动生成热词的关联解释的网页地址，并且可以帮助编辑自动完成拼写检查和自动纠错等。

“主从式”人机协作的问题在于操作者在使用时需要一些学习成本，同时也会有一定的适应时间，在起初使用这些协助工具的时候，使用者会感到有些许不适应。

第二种人机协作模式是“分工”。

将简单的重复性质的劳动交给机器处理，这些工作往往是目标明确、流程单一、可以被套路化的工作，让人类去做需要人的智慧和经验才能解决的工作。一方面节省了人的劳动力成本，提高了人工作的满意度；另一方面提高了工作完成的有效性，因为重复性质的工作往往会因为人的疲劳而影响任务完成的质量。

比如对于学校中的考试、测验，报告评分等可以通过人工智能自动统计和录入，帮助提高教职人员的工作效率。对于手写试卷，系统可以通过 OCR 扫描学生名字、学生证号码和试卷内容等信息，将已经评完分的试卷或报告自动生成相关的数字化文档，无须教职人员手工输入。

5.3.3 人工智能自动化工作流

人工智能自动化不同于我们目前常见的传统自动化设备，传统的自动化设备具有以下特点：

1）**模拟性：**它允许通过配置来模拟人的行为。

2）**系统可交互：**它可以与其他系统进行交流通信。

3）**重复执行：**可以重复执行。

4）**准确：**不会犯错误。

5）**便宜：**比人工成本低得多。

未来自动驾驶汽车、机器人这样的高度自动化产品，具有自主适应环境进行调整的自动化设备，能够从环境中进行动态学习，这是人工智能自动化的特点。不具备自动化学习能力的机器人是“死”的，换了使用环境就不灵了。现在的传统自动化流程和工具是规则导向的，机器的行动指令是通过程序指令执行固定的操作流程。引入人工智能后，通过检测环境变化，根据机器需要完成的任务来自动调整参数，优化新的模型或动作规划来完成原先给定的任务，使得整个系统更加灵活、适应性更强。

比如，在工业生产线上负责对商品进行打包的机械手臂，当商品的大小发生变化后，可以通过摄像头来感知变化，并主动调整机械臂的动作，修改每个动作的定位，满足商品大小变化的要求；再比如在基于规则的操作下，机器人无法从一批未整理的零件中识别和选择所需的零部件，因为它缺乏必要的详细执行规则去处理零件。相比之下，有人工智能加持的机器人可以通过摄像头识别潜在所需的零件，并识别所需零件的摆放方位，进而能够从一堆乱糟糟的零件中挑出想要的零件。这种升级带给机器“面向任务”的属性。

相较于传统的自动化设备，“人工智能自动化”增添了以下属性：

1）感知能力：通过计算机视觉等人工智能技术，对周围环境进行感知。

2）适应环境：可以感知环境变化，根据目标来动态调整行动参数。

3）个性化：一套设备可以完成多种任务，无须对软件进行维护和升级，即可根据用户需求来定制产品。

4）更高的安全性：适应环境进行实时调整，避免因为周围环境变化，而设备未调整造成的事故。

5.3.4　多模态融合

让我们设想一个场景：“请帮我把书房的书桌上右侧的书架上从左向右数的第二本书拿过来”，如果让人去做，就是很简单的事情。只需要知道书房的位置和桌子的位置，找到书架后从左边数第二本书拿出来就行，除非书架的位置挪动了，否则正常人都可以完成这个任务。但如果是让机器人去做的话，以现在的技术，就不是一个“简单”的事情了。机器需要先通过语言识别，将声音转换成机器处理的文字，之后通过自然语言处理技术，定位任务中的关键点，再通过室内导航系统定位到书房，进入书房之后又要识别书桌以及书桌上的书架，识别具体的书籍的位置后，需要机械臂相关的硬件设备将书从书架上取出来…… 这么多个环节，有任何一个环节出现了问题，机器人都无法完成这个“简单”的任务。

人在做这件事的时候很自然就完成了任务，因为这个过程涉及“多模态”的应用。“模态”的意思可以理解为“感官”，“多模态”的意思就是多重感官的使用，包括听觉、视觉、嗅觉等。人类对世界的理解建立在多模态认知的基础之上，比如在上面的例子中，就应用了听觉、视觉、触觉信息，人脑可以对不同的感官输入同时进行理解，但大部分人工智能产品还停留在对单一感官信息的识别和感知阶段，如智能音箱就是利用“听觉”的设备，人工智能摄像头就是利用“视觉”的设备。

对多种感官信息进行识别和应用就是“多模态”，它有以下作用：

1. 有助于人工智能理解并完成任务

多模态的输入增加了信息含量，能够让智能体更深入地感知并理解需求，可以借助不同感官输入指令进行知识的推理，在人机交互、对话系统中能够理解更多的环境信息，帮助智能体做出更好的任务规划。

2. 协同学习

通过多模态学习来弥补某些模态上的数据不足，通过构建可以处理来自多重模态输入的信息，使得不同模态之间进行协同学习。

3. 有助于更好地理解不同模态

目前比较热门的研究方向是图像、视频、音频、文本语义，在这些不同方向中有的任务是进行模态信息的转化，比如将图像生成描述文字，将视频信息转换为文章描述等。这些场景中解决多模态的人工智能模型，在训练阶段就对不同模态的信息建立连接和匹配，可以增强上述任务的效果。

5.3.5 人工智能结合 XR

虚拟成像和显示技术的发展丰富了我们感官体验的形式，带来了更好的沉浸式的体验。虚拟视觉技术可以让我们像《头号玩家》一样在虚拟世界里面玩游戏，也可以在现实中为我们提供信息辅助，比如帮助我们快速查看眼前设备的使用说明或者识别路线。人工智能用于虚拟视觉技术，不只是与计算机视觉相关的识别和目标检测可以提高虚拟成像的表现，还可以从很多角度提高整体应用的表现丰富性，具体可以分成以下几部分。

1. 理解现实物体空间信息，增加虚拟物体投射的真实感

AR 应用，旨在把虚拟的物体在空间中呈现出来，为了能让物体更加真实和生动，需要理解三维视觉场景，除了对具体的物体进行识别外，还要理解其位置信息和在空间内的构成关系、先后顺序。比如需要在餐桌上的盘子上投射出虚拟的食物，需要通过摄像头识别出盘子的位置和形状、大小，为了理解空间，还要将画面中的其他物体的数据以及它们与使用者的距离算出来。人工智能视觉技术可以通过深度学习技术来对图像进行分析，帮助机器理解环境，实现对真实世界的感知。将这些信息告知系统后，通过定位信息锁定到需要在哪些真实的坐标下投射虚拟的成像，以及成像的角度和位置应该如何摆放，从而使虚拟物体和真实物体叠加后整体的效果更加真实。

2. 识别人体动作、位置信息，增加虚拟现实的交互体验

你可能体验过 VR 游戏，很多应用都需要额外的设备辅助，比如手柄、电子枪，这些辅助的硬件设备是为了更好地识别你的动作信息来完成虚拟和现实的交互。但这些硬件设备既产生了额外的使用学习成本，又无法捕捉到更细节的指尖交互信息。这些辅助设备只是过渡性的产物，就好像我们在早期使用手机的时候需要键盘或者电子笔之类的物体一样。更加符合人体交互的方式是语音和手势，这是人工智能可以发挥作用的地方。人工智能视觉技术可以捕捉到人本体的交互，比如手势识别，识别虚拟影像和手之间的相对位置以及人手的姿态，捕捉到人的手势和位置变化即可判断操作者输入的指令，让使用者和虚拟物体的交互更加贴近真实世界，增加使用体验。

语音识别和 NLP 技术也可以用来判断操作者的意图，提升体验者的体验感。比如电子游戏中那些只能完成特定对话的 NPC（非玩家角色），在游戏中都是等待用户触达才能开始交互。如果能够加入语音识别并且可以对用户的远近进行识别，就可以更好地模仿真人和人交互，对话也可以根据我们的输入来对应生成，而不是用固定好的模板消息。

3. 丰富虚拟内容的制作

由于 AR、VR 都是计算机虚拟的成像，因此每个虚拟的物体都需要制作和建模，物体的美观度和精细程度也是操作者体验很重要的一部分，建模耗时长，入门门槛也高，这使得虚拟内容的缺少一直是制约其发展的重要因素。用人工智能可以辅助开发人员加快内容制作，比如可以将 2D 的设计图生成 3D 的虚拟影像，之后再由设计师精确调整细节。人工智能也可以从素材库中的已有 3D 场景和模型之中学习，然后根据人准备的素材和指令进行快速二次创作来补充场景和内容的缺失。

4. 优化虚拟成像的表现

人工智能可以用于对虚拟成像的细节部分进行生成和细化。目前人工智能修复老电影或者给黑白电影上色已经应用于影视行业之中，人工智能能够根据图像的周边信息来对其他需要提升表现力的地方进行预测和生成。虚拟物体建模后都有一定的比例，这样在体验者近距离观察或者主动放大后会产生“失真”甚至是模糊的效果，就像我们将一张很小的图片放大一样。如果要求建模者对所有虚拟物体的大小都制作很多的比例显然是不现实的，因此人工智能在这里就可以通过实时的图像生成技术来帮助提高虚拟物体的成像表现。

5. 分析环境信息，给用户提供指引

人工智能有个很重要的功能，就是根据现有的数据进行预测，当我们使用

AR 或者 VR 的时候，用户交互式环境中最大的变量，用既定的程序显然不能满足用户“好奇”的心理，可能出现多种多样开发者未设定的操作方式。人工智能可以根据用户的姿态和周边的环境信息，来预测用户的操作表现，然后给用户指导或者提示潜在的风险。比如玩虚拟球类游戏，在用户挥杆前就可以提示用户挥球成功的概率和球运动的轨迹，来改善用户的表现。

5.3.6 人工智能可解释性提升

人工智能作为一项新的技术，由于算法不透明，也让部分人产生了害怕未来被人工智能所支配的心理和不信任感。如果算法不可解释，是一个不可被监察的“黑盒”，这样人类就不能预见算法潜在的问题，也不能有效地控制和监管算法，尤其当人工智能在医学、自动驾驶、金融领域的应用越来越广时。《麻省理工科技评论》曾发表过一篇名为《人工智能内心深处的“黑暗秘密”》[4] 的文章，它指出“没有人真正知道先进的机器学习算法是怎样工作的，而这恐将成为一大隐忧。”

人类渴望理解算法，以更好地引导和使用技术，“算法的可解释性”既是科研领域的焦点，又是众多人工智能公司和互联网公司所关注的热点。例如我们在浏览新闻时候的推荐系统，基于一些可解释性的算法，如“基于用户的协同过滤”，可以挖掘出你可能喜欢看的新闻内容，我们经常看到“你关注的朋友也在看”或者“看过他的人也看过”。未来人工智能将褪去“黑盒”的标签，可解释、可控制、可监管，为我们提供更好的服务。

人工智能可解释的好处归纳为如下三点：

1. 为“敏感”场景下人工智能落地提供先决条件

直接和人、财、物挂钩的场景，比如涉及人身安全的自动驾驶场景、安防机器人，人工智能所执行的动作有明确的可解释的原因，可以帮助我们进行判断、复盘，当出现了意外情况或疑义时，人工能够及时介入来处置。另外对于环境私密的场景，如家庭、会议室，出于对隐私的保护和防止信息泄漏，人们对于人工智能的可解释性要求也会更高。

2. 建立用户和人工智能产品之间的信任

很多用户不选择人工智能产品的原因是对这类“新”事物不信任，一方面由于我们看到经常有层出不穷的关于人工智能“失灵”的报道，比如某些厂商发布智能音箱，在现场演示环节无法正确识别演示者的意图，让人啼笑皆非；另一方面也在于人们对人工智能的认知和当前技术发展的程度不符，人们认为“人工智能”会像人一样去做决策，甚至在很多场景下替代人。若我们能够对智能体的每一步行动的原因进行查看，进一步了解人工智能是如何运行的，会逐步建立信任并修复认知上的“偏见”，从而让用户能够逐步接受人工智能产品。

3. 指导算法优化

由于人工智能需要通过反馈来不断优化效果，这种效果体现在识别的准确率以及面向用户提供服务的个性化程度上，因此算法工程师在优化的过程中，当人工智能给出一些不符合预期的动作时，可以从这些“坏例子”中总结后续优化的方法，来不断提高人工智能服务的满意度。

5.3.7 赋能传统行业的转型升级

大家或许认为目前应用人工智能最多的是互联网行业，但真相是：**传统行业如电信、能源、基础设施、制造业以及航空航天，内含海量的数据，只不过这些数据的存储方式不如互联网行业的数据方便使用，并且数据分散。**

传统行业数据管理涉及隐私和法律问题，数据的权限划分和归属等问题是影响人工智能落地的关键；数据隐私保护与人工智能结果的“可解释性”也是人工智能与传统行业结合需要攻克的难点。人工智能对这些传统行业而言，可通过海量数据来提升效率，创造更多价值。例如对于工业制造，人工智能会把工厂改造得更敏捷和定制化，可实现生产设备、价值链、供应链的数字化连接和高度协同，使生产系统具备敏捷感知、实时分析、自主决策、精准执行、学习提升等能力，全面提升生产效率。

人工智能在传统行业中落地的场景，可分成以下六大类型。

1.“路径”规划

如电力、物流运输，人为规划、调控大规模的运输网络会带来大量的人力成本，人也会受到自身视角局限，难以做到全局最优化调控。

2. 机器辅助人工体力劳动

工业的制造流水线、农业灌溉场景，这些劳动力密集型的地方，都存在人工的重复体力劳动，通过人工智能和机械设备结合，不仅可以节省人力成本，还能够提高操作的标准化程度和效率。

3. 硬件、系统维护

目前这类维护性质工作主要由人工定期进行检查，对设备信号、运行情况进行数据采集，以及使用相关传感器收集环境、硬件状态的外部信息，可以通过人工智能算法来发现这些数据的波动和异常情况，用来作为人工检查的前置项目，进而减少在这些场景内人力成本的投入。

4. 安全防护

在安防场景下，比如企业门禁、道路监控等，也是非常适合人工智能落地的。借助人工智能人脸识别、行为识别等图像相关算法，通过人工智能摄像头来监测潜在的安全风险，实时分析视频内容，探测异常信息来进行风险预测。

5. 自动化流水线

在制造业的流水线上，原先人工操作串联生产环节，其工作具备重复性高、机械化的特点。面向提升产能、合格率以及缩短订单的交付周期，未来的制造业生产流程将是模块化的，通过全数字化的方式落地。

6. 产品设计和优化

比如通过对机床等硬件加工的控制，对硬件加工的成型产品的产品设计进行优化，由人负责的部分将会是输入需要满足的条件，比如风阻系数、硬度等，由人工智能完成产品形状、材料在最低生产成本的目标下进行生产；同样对于产品建模后的实验和优化环节，也将通过数字化的方式实现，模拟产品的使用环境，然后通过算法来进行优化和发现问题。

本章结语

人工智能就像人类的一面镜子，它会从数据中毫无保留地学习人类的偏见认知，但这些事实，并不是我们想看见的，或者说“实话”是会伤人的，这种不公平要比人为偏见和不公隐晦得多。随着人工智能的发展，这些问题的暴露都使得算法工程师需要更全面地考虑场景下的边界条件和伦理、隐私等大众关心的问题。“技术”是没有偏见的，“数据”中隐含的人为偏见将会随着技术的发展而逐步通过技术的方法解决。

除了文中介绍的人工智能落地的七大方向外，人工智能的未来将会有更多的可能性，比如本章介绍的人工智能对数据的依赖，目前诸如“小样本学习（few-shot learning）”的方法正在取得突破。想象一下未来一个家庭机器人可以完成这样的任务：向它展示一个新物体（且只展示一次），之后它便可以识别这个物体。

未来人工智能的发展将超乎我们的想象，人工智能将会成为我们工作上的同伴、生活中的帮手，甚至成为一个你的朋友……曾几何时，也有人对互联网的发展感到恐慌和担忧，过度担忧和焦虑反而会束缚我们的“手脚”，智能时代的到来需要我们转换思维、适应未来，需要我们对人工智能有信心，能够走近、使用人工智能，甚至尝试用人工智能技术解决遇到的问题。

参考文献

[1] 工业和信息化部人才交流中心 . 人工智能产业人才发展报告（2019—2020 年版）[R/OL]. [2022-06-22].http：//sjzyj.hefei.gov.cn/group5/M00/05/C1/wKgEIl8DzXqAJ9I7ABpGlM42h-HQ545.pdf.

[2] TESLA. Tesla vehicle safety report [R/OL]. [2023-07-11]. https：//www.tesla.com/VehicleSafetyReport.

[3] VASWANI A，SHAZEER N，PARMAR N，et al.Attention is all you need[J].ArXiv，2017：6000-6010.

[4] KNIGHT W，DeepTech 深科技（mit-tr）. 人工智能内心深处的“黑暗秘密”[J]. 竞争情报，2017（5）：15-18.

后 记

人工智能在快速发展中正在积极地影响着社会、生活的方方面面，它是技术创新的产物，同时也是因社会为进一步提高生产效率、高质量发展而诞生的。人工智能目前已经成为新一轮科技变革的核心驱动力，很多国家 / 地区都把它作为提升国家 / 地区竞争力、经济增长的战略型技术。在工业领域，我们看到通过人工智能视觉技术实现更精准定位的机械臂，通过人工智能对零件加工流程进行优化；在医疗领域，有人工智能用于辅助医生对慢性病进行风险预测、人工智能辅助药物研发；在安防领域，有 24 小时工作的智能安防机器人；在出行领域，无人驾驶的公交汽车、小汽车也已经上路测试；在能源领域，有预测石油管道异常、风机设备故障检测的人工智能落地应用……在日常生活中我们也看到了智能家居、移动支付等领域图像识别、语音识别等人工智能技术的应用。在未来的方方面面，人工智能还会在更多与我们生活息息相关的领域中发挥出更显著的作用，使我们的生活更便利。

面对人工智能，你应该怎么做？

人工智能是新型的生产力，在各种领域的场景下，对提高效率、提高质量、降低成本的诉求都推动着人工智能落地，面对这种大势所趋，我们应该怎么做？

如果你打算深入学习技术（见图 1）**，并做一名人工智能落地的实践者，**第一步就是对数学基础知识的学习，人工智能底层技术实现的逻辑是基于高等数学、线性代数和概率论的知识，如果这些知识不够牢固，你很可能看不懂相关算法模型的论文和里面的公式，也就很难学习。很多机器学习的算法都是建立在概率论和统计学的基础上的，如贝叶斯分类器、支持向量机等。而通过数据对场景进行抽象则要学习线性代数，其重要性体现在清晰描述问题及对分析求解的过程。

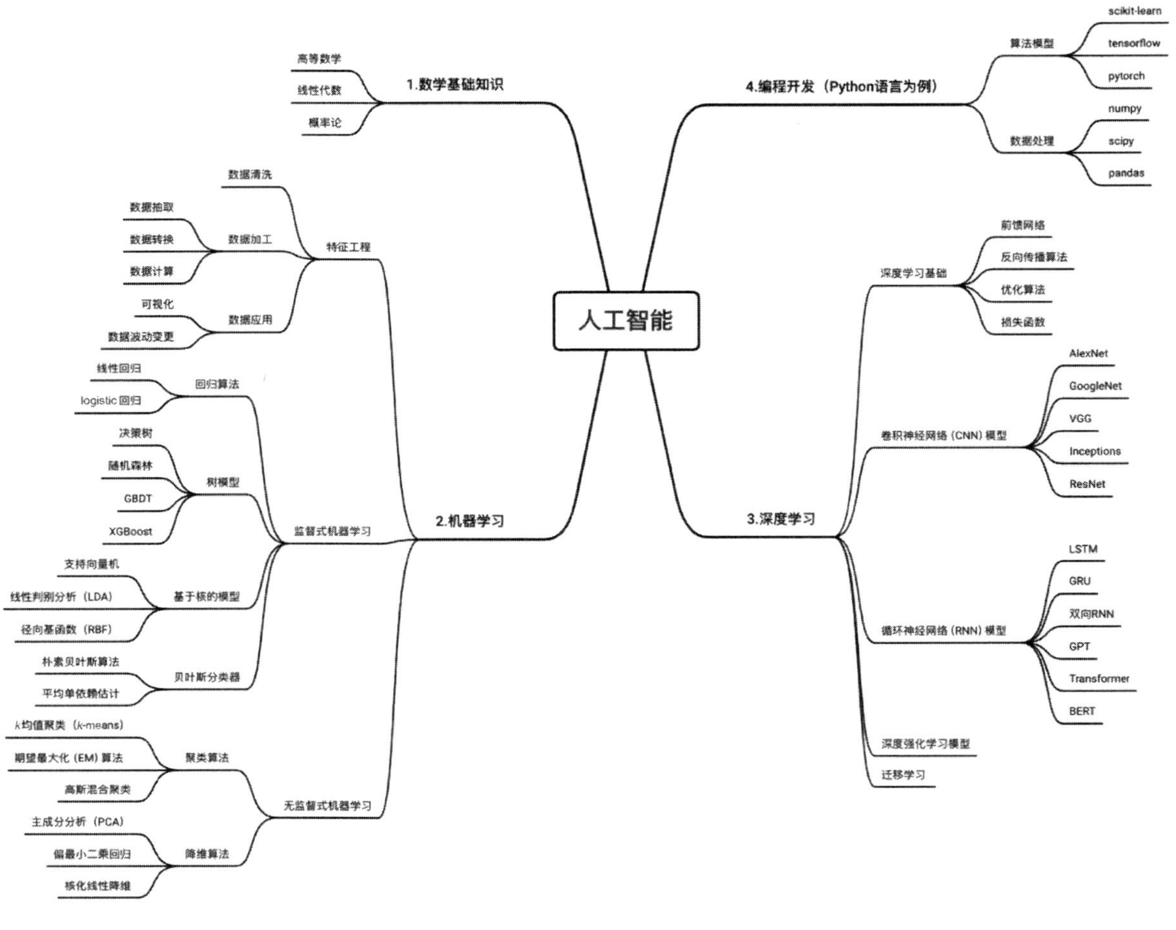

图 1　人工智能技术学习路线图

第二、三步需要对“机器学习”和“深度学习”相关的算法模型进行学习，不同的算法模型所依赖的数学原理和假设条件是不一样的，不同的算法模型有其优缺点，对算法的学习可以使你能够抽象场景的条件和数据之后知道哪种算法是适合落地的。算法的学习可以由浅入深，逐步深入。比如在“机器学习”方面，可以从简单的“线性回归”开始，逐步深入到对不同模型的学习。

第四步，编程开发，在算法学习中很重要的一点就是一定要动手实践，了解具体算法的代码实现是怎样做的，这样才能够在掌握原理的同时知道它的实现细节。算法的实现可以先通过如 Github 上的开源模型结合一些公开的数据集做实验，来动手训练模型。代码编程可以从 Python 语言做起，其中无论是数据的处理、加工，还是模型的建模，都有封装好已经实现的库可以直接调用实现，阅读这些封装好的代码库中的源代码也是快速了解、学习算法的方式之一。

如果你打算了解技术和场景如何结合，做一名人工智能落地的推进者，那么你需要了解每种具体算法的应用场景、适用范围，知道每种算法是用来解决哪些问题、模型的输入和输出是什么，同时也需要对人工智能落地的领域有足够的了解学习，这样才能按照书中介绍的步骤拆解场景（可按本书最后的落地步骤模板拆解），找到适合人工智能落地的环节，并能够评估人工智能在场景中落地的价值。在这里也需要了解不同算法落地所需要的软、硬件成本，关注落地的投产比，这样才能够真正识别有价值的落地点，并讲清楚人工智能带来的效益。

你还需要熟悉人工智能落地的主流应用场景，如图 2 中列举的例子，这些场景中的技术往往已经比较成熟，有各式各样的开源实现方案可以借鉴，同时也是宏观环境所引导的主流方向，更能够讲清楚人工智能的价值，因此在落地的时候遇到的阻力会更小。

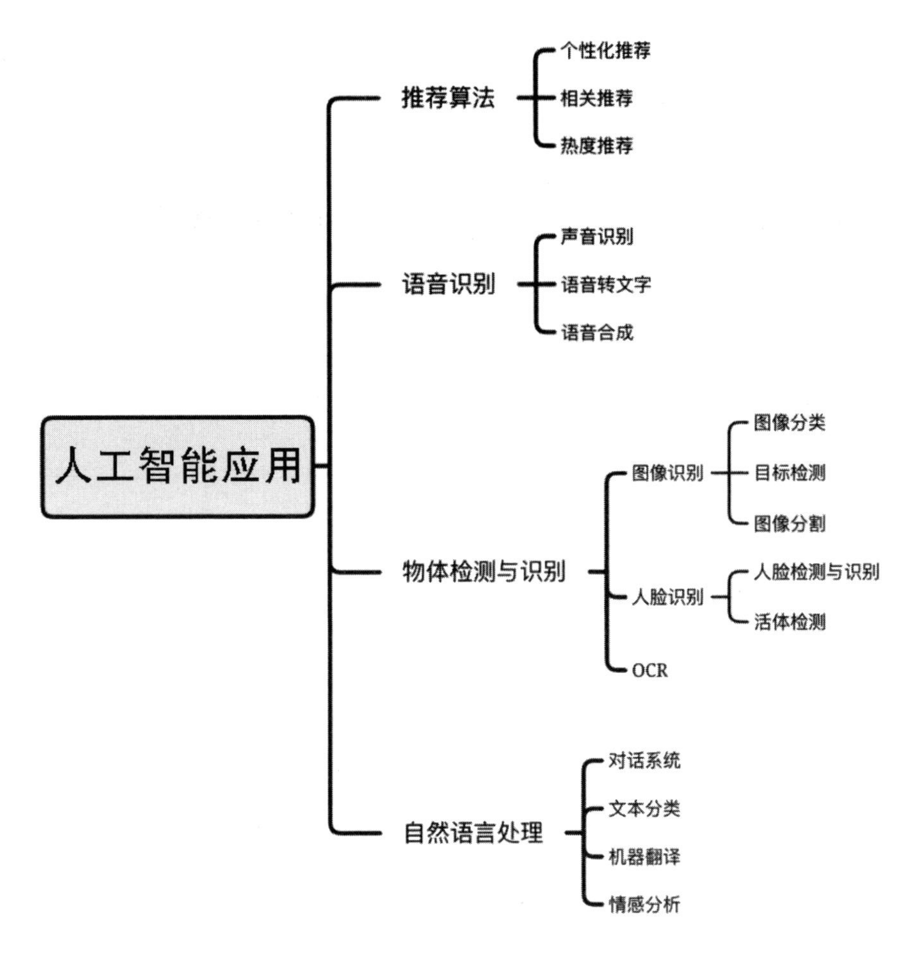

图 2　人工智能落地应用场景举例

从当前人工智能的技术体系上看，人工智能本身是一个场景创新的工具，通过人工智能可以完成各个行业领域的创新，不断提高效率和质量，并能够降低原先的人工、时间成本。对于学生和职场人来说，学习并掌握人工智能，是有效提高自身职场价值和技术深度的方法之一，借助人工智能的能力，你能够发现很多值得落地人工智能的场景，并通过不断地创新来提高自身的价值；对于企业而言，人工智能能够增强企业的竞争力和提高员工满意度，将原先重复、无聊的手工劳动变成自动化生产线，并将危险系数高的工作交由人工智能去处理。

希望通过阅读本书，你能够正视人工智能技术，既不要觉得它高高在上、不落地，又不要过于担心它对我们的工作所带来的影响，逐步学习、应用人工智能技术来找到自己的价值。

限于笔者能力和经验，书中难免有不足之处。我希望这本书是一个交流的平台和渠道，助希望走近人工智能的读者能够向人工智能更“近”一步。技术只有和实际的场景结合才能发挥价值，我和你一样也在学习、落地人工智能的过程中。如果你发现了书中的错漏，欢迎随时指正。如果你想要了解更多人工智能落地的案例甚至实现人工智能落地，我也将在本书对应的公众号（名称：AI 落地方法论）中进行分享。让我们一起学习人工智能，落地人工智能。

王海屹

2023 年 4 月 20 日

落地步骤

<table>
<tr><th>步骤</th><th colspan="2">子步骤</th><th>说明</th></tr>
<tr><td rowspan="4">一、定点
确定场景中的落地点</td><td colspan="2">任务拆分</td><td rowspan="4"></td></tr>
<tr><td colspan="2">找到具体环节</td></tr>
<tr><td colspan="2">明确“输入”“输出”</td></tr>
<tr><td colspan="2">确定使用条件和限制</td></tr>
<tr><td rowspan="3">二、交互
确定交互方式和使用流程</td><td colspan="2">对已有产品升级</td><td rowspan="3">数据一致性？结构一致性？场景、目标用户一致性？</td></tr>
<tr><td colspan="2">替换原来的解决方案</td></tr>
<tr><td colspan="2">原有产品迁移到新场景</td></tr>
<tr><td rowspan="9">三、数据
数据的收集及处理</td><td colspan="2">采集</td><td>来源：传感器？摄像设备？麦克风？数据库？</td></tr>
<tr><td rowspan="7">处理</td><td rowspan="5">预处理</td><td>处理重复 / 缺失值</td></tr>
<tr><td>处理异常值</td></tr>
<tr><td>标准化 / 归一化</td></tr>
<tr><td>文本类型内容预处理？</td></tr>
<tr><td>图像类型内容预处理？</td></tr>
<tr><td rowspan="2">特征工程</td><td>特征处理（升维 / 降维）</td></tr>
<tr><td>特征选择（相关性、信息增益、发散程度、训练和测试）</td></tr>
<tr><td colspan="2">反馈</td><td></td></tr>
</table>

（续）

<table>
<tr><th>步骤</th><th colspan="2">子步骤</th><th>说明</th></tr>
<tr><td rowspan="5">**四、算法**
选择算法及模型训练</td><td colspan="2">任务类型</td><td>感知型还是认知型?</td></tr>
<tr><td colspan="2">训练（输入）数据</td><td></td></tr>
<tr><td colspan="2">根据任务目标（输出数据）</td><td></td></tr>
<tr><td colspan="2">场景约束条件</td><td></td></tr>
<tr><td colspan="2">算法数据指标</td><td></td></tr>
<tr><td rowspan="13">**五、实施**
人工智能系统实施/部署</td><td colspan="2" rowspan="4">设置监控/预警模块</td><td>服务状态</td></tr>
<tr><td>系统输入数据</td></tr>
<tr><td>实际表现</td></tr>
<tr><td>系统用量指标</td></tr>
<tr><td rowspan="4">系统保底方案</td><td rowspan="2">异常情况检查</td><td>非常规数据输入</td></tr>
<tr><td>非正常场景中使用</td></tr>
<tr><td rowspan="2">保底方案制定</td><td>预留可随时切换的备用系统</td></tr>
<tr><td>手工定义处理规则</td></tr>
<tr><td colspan="2">正确性验证</td><td>A/B 测试（测试数据、参照数据）</td></tr>
<tr><td colspan="2" rowspan="4">性能验证</td><td>运行速度</td></tr>
<tr><td>精度</td></tr>
<tr><td>响应时间</td></tr>
<tr><td>系统完整链路</td></tr>
</table>